U0252218

中国国家公园体制建设研究丛书
Research Series on Development of China's National Park System

Research on Natural Resources
Management Mechanisms for
China's National Parks

中国国家公园
自然资源管理
体制研究

余振国　余勤飞　李　闽 —— 等著
刘向敏　姚　霖

中国环境出版集团·北京

图书在版编目（CIP）数据

中国国家公园自然资源管理体制研究/余振国等著.
—北京：中国环境出版集团，2018.10
（中国国家公园体制建设研究丛书）
ISBN 978-7-5111-3701-2

Ⅰ．①中…　Ⅱ．①余…　Ⅲ．①国家公园—自然资源—
资源管理—管理体制—研究—中国　Ⅳ．①S759.992

中国版本图书馆 CIP 数据核字（2018）第 134694 号

出 版 人	武德凯	
责任编辑	李兰兰	
责任校对	任　丽	
封面制作	宋　瑞	

更多信息，请关注
中国环境出版集团
第一分社

出版发行　**中国环境出版集团**
　　　　　（100062　北京市东城区广渠门内大街 16 号）
　　　　　网　　址：http://www.cesp.com.cn
　　　　　电子邮箱：bjgl@cesp.com.cn
　　　　　联系电话：010-67112765（编辑管理部）
　　　　　　　　　　010-67112735（第一分社）
　　　　　发行热线：010-67125803，010-67113405（传真）
印　　刷　北京中科印刷有限公司
经　　销　各地新华书店
版　　次　2018 年 10 月第 1 版
印　　次　2018 年 10 月第 1 次印刷
开　　本　787×1092　1/16
印　　张　9.25
字　　数　175 千字
定　　价　42.00 元

中国国家公园体制建设研究丛书

编 委 会

踏上国家公园体制改革新征程

自 1872 年世界上第一个国家公园诞生以来，由于较好地处理了自然资源科学保护与合理利用之间的关系，国家公园逐渐成为国际社会普遍认同的自然生态保护模式，并被世界大部分国家和地区采用。目前已有 100 多个国家建立了近万个国家公园，并在保护本国自然生态系统和自然遗产中发挥着积极作用。2013 年 11 月，党的十八届三中全会首次提出建立国家公园体制，并将其列入全面深化改革的重点任务，标志着中国特色国家公园体制建设正式起步。

4 年多来，国家发展和改革委员会会同相关部门，稳步推进改革试点各项工作，并取得了阶段性成效。特别是 2017 年，国家发展和改革委员会会同相关部门研究制定并报请中共中央办公厅、国务院办公厅印发《建立国家公园体制总体方案》（以下简称《总体方案》），从成立国家公园管理机构、提出国家公园设立标准、编制全国国家公园总体发展规划、制定自然保护地体系分类标准、研究国家公园事权划分办法、制定国家公园法等方面提出了下一步国家公园体制改革的制度框架。

回顾过去 4 年多的改革历程，我国国家公园体制建设具有以下几个特点。

一是对现有自然保护地体制的改革。建立国家公园体制是对现有自然保护地体制的优化，不是推倒重来，也不是另起炉灶，更不是对中华人民共和国成立以来我国自然生态系统和自然文化遗产保护成就的否定，而是根据新的形势需要，对保护管理的体制机制进行探索创新，对自然保护地体系的分类设置进行改革完善，探索一条符合中国国情的保护地发展道路，这是一项"先立后破"的改革，有利于保护事业的发展，更符合全体中国人民的公共利益。

二是坚持问题导向的改革。中华人民共和国成立以来，特别是改革开放以来，我国的自然生态系统和自然遗产保护事业快速发展，取得了显著成绩，建立了自然保护区、风景名胜区、自然文化遗产、森林公园、地质公园等多种类型保护地。但自然保护地主要按照资源要素类型设立，缺乏顶层设计，同一类保护地分属不同部门管理，同一个保护地多头管理、碎片化现象严重，社会公益属性和中央地方管理职责不够明确，土地及相关资源产权不清晰，保护管理效能低下，盲目建设和过度利用现象时有发生，违规采矿开矿、无序开发水电等屡禁不止，严重威胁我国生态安全。通过建立国家公园体制，推动我国自然保护地管理体制改革，加强重要自然生态系统原真性、完整性保护，实现国家所有、全民共享、世代传承的目标，十分必要也十分迫切。

三是基于自然资源资产所有权的改革。明确国家公园必须由国家批准设立并主导管理，并强调国家所有，这就要求国家公园以全民所有的土地为主体。在制定国家公园准入条件时，也特别强调确保全民所有的自然资源资产占主体地位，这才能保证下一步管理体制调整的可行性。原则上，国家公园由中央政府直接行使所有权，由省级政府代理行使的，待条件成熟时，也要逐步过渡到由中央政府直接行使。

四是落实国土空间开发保护制度的改革。党的十八届三中全会《中共中央关于全面深化改革若干重大问题的决定》中关于建立国家公园体制的完整表述是"坚定不移实施主体功能区制度，建立国土空间开发保护制度，严格按照主体功能区定位推动发展，建立国家公园体制"。建立国家公园体制并非在已有的自然保护地体系上叠床架屋，而是要以国家公园为主体、为代表、为龙头去推动保护地体系改革，从而建立完善的国土空间开发保护制度，推动主体功能区定位落地实施，使得禁止开发区域能够真正做到禁止大规模工业化、城镇化开发建设，还自然以宁静、和谐、美丽，为建设富强、民主、文明、和谐、美丽的现代化强国贡献力量。

2015 年以来，国家发展和改革委员会会同相关部门和地方在青海、吉林、黑龙江、四川、陕西、甘肃等地开展三江源、东北虎豹、大熊猫、祁连山等 10 个国家公园体制试点，在突出生态保护、统一规范管理、明晰资源权属、创新经营管理、促进社区发展等方面取得了一定经验。同时，我们也要看到，建立统一、规范、高效的中国特色国家公园体制绝不是敲锣打鼓就可以实现的，不可能一蹴而就，必须通过不断深化研究、总结试点经验来逐步优化完善，在统一规范管理、建立财政保障、明确产权归属、完善法律制度等管理体制上取得实质性突破，在标准规范、规划管理、特许经营、社区发展、人才保障、公众参与、监督管理、交流合作等运行机制上进行大胆创新，把中国国家公园体制的"四梁八柱"建立起来，补齐制度"短板"。

　　为此，国家发展和改革委员会会同保尔森基金会和河仁慈善基金会组织清华大学、北京大学、中国人民大学、武汉大学等著名高校以及中国科学院、中国国土资源经济研究院等科研院所的一批知名专家，针对国家公园治理体系、国家公园立法、国家公园自然资源管理体制、国家公园规划、国家公园空间布局、国家公园生态系统和自然文化遗产保护、国家公园事权划分和资金机制、国家公园特许经营以及自然保护管理体制改革方向和路径等课题开展了认真研究。在担任建立国家公园体制试点专家组组长的时候，我认识了其中很多的学者，他们在国家公园相关领域渊博的学识，特别是对自然生态保护的热爱以及对我国生态文明建设的责任感，让我十分钦佩和感动。

　　此次组织出版的系列丛书也正是上述课题研究的重要成果。这些研究成果，为我们制定总体方案、推进国家公园体制改革提供了重要支撑。当然，这些研究成果的作用还远未充分发挥，有待进一步实现政策转化。

　　我衷心祝愿在上述成果的支撑和引导下，我国国家公园体制改革将会拥有更加美好的未来，也衷心希望我们所有人秉持对自然和历史的敬畏，合力推进国家公园体制建设，保护和利用好大自然留给我们的宝贵遗产，并完好无损地留给我们的子孙后代！

朱之鑫

原中央财经领导小组办公室主任

国家发展和改革委员会原副主任

序　言

　　经过近半个世纪的快速发展，中国一跃成为全球第二大经济体。但是，这一举世瞩目的成就也付出了高昂的资源和环境代价：野生动植物栖息地破碎化、生物多样性锐减、生态系统服务和功能退化、环境污染严重。经济发展的资源环境约束不断趋紧，制约着中国经济社会的可持续发展。如何有效地保护好中国最具代表性和最重要的生态系统与生物多样性，为中华民族的子孙后代留下这些宝贵的自然遗产成为亟须应对的严峻挑战。引入国际上广为接受并证明行之有效的国家公园理念，改革整合约占中国国土面积20%的各类自然保护地，在统一、规范和高效的原则指导下构建以国家公园为主体的自然保护地体系是中共十八届三中全会提出的应对这一挑战的重要决定。

　　国家公园是人类社会保护珍贵的自然和文化遗产的智慧方式之一。自1872年全球第一个国家公园在壮美蛮荒的美国黄石地区建立以来，在面临平衡资源保护与可持续利用的百般考验和千般淬炼中，国家公园脱颖而出，成为全球最具知名度、影响力和吸引力的自然保护地模式。据不完全统计，五大洲现有国家公园10000多处，构成了全球自然保护地体系最具生命力的一道亮丽风景线，是地球母亲亿万年的杰作——丰富的生物多样性和生态系统以及壮美的地质和天文景观——的庇护所和展示窗口。

　　因为较好地平衡了保护和利用的关系，国家公园巧妙地实现了自然和文化遗产的代际传承。经过一个多世纪的洗礼，国家公园的理念不断演变，内涵日渐丰富，从早期专注自然生态保护到后期兼顾自然与文化遗产保护，到现在演变成兼具资源保护和为人类提供体验自然和陶冶身心等多重功能。同时，国家公园还成为激发爱国热情、培养民族自豪感的最佳场所。国家公园理念在各国的资源保护与管理实践中得以不断扩展、凝练和升华。

　　中国国家公园体制建设既需要与国际接轨，又应符合中国国情。2015年，在国家公园体制建设工作启动伊始，保尔森基金会与国家发展和改革委员会就国家公园体制建设签订了合作框架协议，旨在通过中美双方合作开展各类研究与交流活动，科学、有序、高效地推进中国的国家公园体制建设，提升和完善中国的自然保护地体系，实现自然生态系统和文化遗产的有效保护和合理利用。在过去约 3 年的时间里，在河仁慈善基金会的慷慨资助下，双方共同委托国内外知名专家和研究团队，就中国国家公园体制建设顶层设计涉及的十几个重要领域开展了系统、深入的研究，包括国际案例、建设指南、空间规划、治理体系、立法、规划编制、自然资源管理体制、财政事权划分与资金机制、特许经营机制、自然保护管理体制改革方向和路径研究等，为中国国家公园体制建设奠定了良好的基础。

来自美国环球公园协会、国务院发展研究中心、清华大学、北京大学、同济大学、中国科学院生态环境研究中心、西南大学等 14 家研究机构和单位的百余名学者和研究人员完成了 16 个研究项目。现将这些研究报告集结成书，以飨众多关心和关注中国国家公园体制建设的读者，并希望对中国国家公园体制建设的各级决策者、基层实践者和其他参与者有所帮助。

作为世界上最大的两个经济体，中美两国共同肩负着保护人类家园——地球的神圣使命。美国在过去 140 年里积累的经验和教训可以为中国国家公园体制建设提供借鉴。我们衷心希望中美在国家公园建设和管理方面的交流与合作有助于增进两国政府间的互信和人民之间的友谊。

借此机会，我们对所有合作伙伴和参与研究项目的专家们致以诚挚的感谢！特别要感谢国家发展和改革委员会原副主任朱之鑫先生和保尔森基金会主席保尔森先生对合作项目的大力支持和指导，感谢河仁慈善基金会曹德旺先生的慷慨资助和曹德淦理事长对项目的悉心指导。我们期待着继续携手中美合作伙伴为中国的国家公园体制建设添砖加瓦，使国家公园成为展示美丽中国的最佳窗口。

彭福伟   牛红卫

国家发展和改革委员会   保尔森基金会

社会发展司副司长   环保总监

作者序

国家公园是最神奇、最多彩、最美丽的自然资源集中地，所谓"江流天地外，山色有无中""造化钟神秀，阴阳割昏晓"。有幸从事国家公园自然资源研究，真有"坐看红树不知远，行尽青溪不见人"的沉醉。感谢国家发展和改革委员会社会发展司、河仁慈善基金会、保尔森基金会把这个重大而光荣的任务交给我们！

自然资源是国家公园管理的核心，开展国家公园自然资源管理体制研究，对于探索建立国家公园体制具有重要的理论意义和紧迫的现实需求。

国家公园的自然资源种类多、数量大、集中度高，各类资源交织杂呈，你中有我，我中有你，产权界限难以清楚界定，资源类型难以截然割裂。国家公园自然资源除资源属性外，还具有生态、环境、公共品和世代传承属性。这些特点决定了其管理与研究的复杂性和艰巨性。我国现行的自然资源管理主要遵循的是土地、矿产、森林等单项自然资源法。国家公园等自然保护地的自然资源实质上是各类自然资源与生态环境的综合体。我国针对这种综合体管理的法律制度建设还比较薄弱。

在本书中，我们总结了中国国家公园与保护地自然资源管理体制存在的主要问题，分析了中国国家公园试点区和各类保护地的自然资源产权构成，提出了建立中国国家公园统一管理机构、实现国家公园自然资源统一管理的四种可选的体制模式方案。针对建立国家公园自然资源统一管理机构这一设想，本书进一步给出了建立国家公园自然资源统一确权登记管理体制、国家公园生态空间用途统一管制体制等对策建议。

中国拟建的国家公园自然资源统一管理体制的总体架构，至少应包括：（1）建立权责明确的国家公园自然资源产权体系；（2）建立统一的国家公园自然资源确权登记系统；（3）建立国家公园自然资源资产统一管理体制，包括建立健全国家公园自然资源资产管理体制，以及建立分级行使所有权的体制；（4）建立国家公园国土空间用途管制制度；（5）建立国家公园自然资源管理责任追究制度，含编制国家公园自然资源资产负债表、对国家公园领导干部实行自然资源资产离任审计和建立生态环境损害责任终身追究制等。

国家公园体制建设当务之急是应该建立有利于国家公园自然资源资产统一管理的所有权体系，创设国家公园和保护地自然资源综合体的新型使用权——游憩经营权、特许经营权和国家公园自然资源综合体地役权，严格国家公园和保护地自然资源综合体有偿使用的条件和范围。

感谢国土资源部地质环境司关凤峻司长、柳源司长、袁小虹处长，调控监测司吴太平司长、苏迅司长、曹清华处长等领导指导或通过安排"国家公园与自然资源统一管理""国家地质公园管理研究"等项目和实地调研活动给予的帮助和支持！感谢国家发展和改革委员会社会发展司彭福伟司长、袁淏处长、朱颜鹏博士，住房和城乡建设部李振鹏处长，北京大学王立彦教授，北京师范大学蔚东英教授，浙江大学吴次芳教授、叶艳妹教授，浙江工商大学张海霞教授等领导和学者给予的指导、支持和帮助！

感谢保尔森基金会于广志博士给予的热情指导和理解宽容。于广志博士对我们提交的每一稿研究成果都进行了细致入微的审阅，提出了很多极有价值的意见，贡献了她的卓越智慧！

感谢张新安院长、白星碧书记、付英副院长等中国国土资源经济研究院各位领导和同仁的关心、指导和支持！

感谢本书多位共同作者的辛苦努力。他们是：余勤飞、李闻、刘向敏、姚霖、孙婧、侯冰、林燕华、冯春涛、汪冰、韦宝玺、白雪华、张鹏、李华、张超宇、孙贵尚、孙晓玲、杨耀红、李晓妹、高兴和、杨雪彩。

国家公园自然资源管理研究依然任重道远，待研究的问题还有很多。由于时间紧、任务重、能力所限，抱憾此书仅能呈现初步的研究成果，权作揭开这一研究的序篇。我们将以"出洞无论隔山水，辞家终拟长游衍"的决心，继续做好这方面的探索研究。

余振国　中国国土资源经济研究院

2018 年 3 月 8 日

目　录

第 1 章　绪论..1

  1.1　研究目的与内容..1

    1.1.1　研究目的..1

    1.1.2　研究内容..2

  1.2　国家公园与自然资源的概念内涵..3

    1.2.1　国家公园..3

    1.2.2　自然资源类型..4

    1.2.3　自然资源管理与自然资源资产管理关系..10

    1.2.4　国家公园自然资源的属性与特点..11

第 2 章　中国保护地自然资源产权结构及其管理..13

  2.1　中国现行自然资源资产管理体制与存在的问题..13

    2.1.1　自然资源管理体制现状..13

    2.1.2　自然资源管理体制存在的问题..19

  2.2　各类型自然资源的产权组成结构..21

    2.2.1　产权及自然资源产权的内涵..21

    2.2.2　相关法律法规对自然资源产权的界定..22

    2.2.3　自然资源产权的总结..25

  2.3　国家公园试点区自然资源类型、产权组成和管理..26

第 3 章　中国国家公园自然资源管理体制的架构设计与实施路径..........................31

  3.1　国家公园自然资源统一管理的总体架构设计..31

    3.1.1　国家公园自然资源统一管理的基本制度架构设计..............................31

    3.1.2　国家公园自然资源统一管理的行政体制架构设计..............................34

3.2 自然资源有效管理体制 39

    3.2.1 国家公园自然资源所有权管理体制 39

    3.2.2 创设国家公园自然资源综合体的新型使用权 40

3.3 自然资源统一确权登记管理体制 40

3.4 生态空间用途统一管制体制 42

第4章 中国国家公园自然资源统一确权登记具体办法 43

4.1 国内发展现状及存在的问题 43

    4.1.1 国内发展现状 43

    4.1.2 存在的问题 44

4.2 国外主要经验 45

    4.2.1 美国的主要经验 45

    4.2.2 加拿大的主要经验 52

4.3 发展基础及其制度发展方向 65

    4.3.1 发展基础 65

    4.3.2 制度发展方向 67

4.4 基本制度与操作办法 68

    4.4.1 基本制度与程序 68

    4.4.2 登记操作办法 70

第5章 中国国家公园自然资源有效管理的体制机制 73

5.1 管理体制机制构建的原则与路径 73

    5.1.1 主要原则 73

    5.1.2 国家公园试点区自然资源资产管理实践经验 74

    5.1.3 国家公园自然资源产权体系改革完善基本路径 ... 76

5.2 国家公园自然资源产权体系改革完善方案 79

    5.2.1 建立有利于国家公园自然资源资产统一管理的所有权体系 ... 79

    5.2.2 创设国家公园自然资源新型使用权体系 79

5.3 建立国家公园自然资源统一管理机构行使管理权 82

    5.3.1 建立国家公园自然资源统一管理机构 82

5.3.2　建立健全国家公园自然资源监管制度 82

5.3.3　建立健全国家公园自然资源有偿使用制度 83

5.4　创新补偿机制，保障国家公园自然资源权益人合法权益 83

5.4.1　建立国家公园自然资源权益补偿机制 83

5.4.2　构建国家公园内矿业权合理处置及其补偿机制 86

第6章　中国国家公园国土空间用途统一管制的措施和建议 89

6.1　国内各类保护地生态空间用途管制现状 89

6.1.1　各类保护地分区管理现状 89

6.1.2　各类保护地分区管制存在的问题 92

6.1.3　国家公园试点分区管理状况及存在的问题 93

6.2　国外国家公园生态空间用途管制特点与启示 99

6.2.1　功能分区及资源限制性利用 99

6.2.2　特点与启示 100

6.3　中国国家公园生态空间用途管制对策建议 102

6.3.1　国家公园应符合生态保护红线空间管控要求 103

6.3.2　国家公园内应实行国土空间分区、分类管控 104

6.3.3　国家公园空间用途管制机构的具体职能 107

6.3.4　国家公园空间用途管制统一行使保障措施 108

参考文献 111

附件1　国家公园自然资源统一确权登记评估办法（建议稿） 117

附件2　国家公园国土空间用途管制办法（建议稿） 122

附件3　国家公园自然资源管理条例（建议稿） 127

声明 131

第 1 章　绪　论

1.1　研究目的与内容

1.1.1　研究目的

中国把生态文明建设纳入中国"五位一体"的社会主义事业建设总体布局,"资源""环境""生态"成为生态文明建设的三个重要方面。《中共中央关于全面深化改革若干重大问题的决定》中提出探索建立国家公园体制,健全自然资源资产产权制度和用途管制制度,对水流、森林、山岭、草原、荒地、滩涂等自然生态空间进行统一确权登记,明确国土空间的自然资源资产所有者、监管者及其责任。

自 20 世纪 50 年代我国建立第一个自然保护区以来,环保、住建、国土、林业、水利、农业和旅游等部门都建立了不同类型的保护地,包括自然保护区、风景名胜区、地质公园、森林公园、湿地公园、矿山公园等。时至今日,中国仍未建立起全国统一的自然资源管理体制,各部门自然资源管理权存在着空间重叠、职能交叉和法规冲突等问题。

作为生态文明建设的重要举措,《中共中央关于全面深化改革若干重大问题的决定》在"加快构建生态文明制度体系"中提出要探索建立国家公园体制。国家公园体制的建立和有效落地需立足于合理的国土空间规划,以及完善的自然资源管理体制,因为国家公园内自然资源这类特殊的环境公共产品的权属与管理是自然资源管理体制和制度改革的核心。因此,开展国家公园体系的自然资源管理体制研究对我国实现自然资源资产统一管理、建立国家公园体制具有重要的现实意义。建立国家公园体制对于推进自然资源科学保护和合理利用,促进人与自然和谐共生,推进美丽中国建设,具有极其重要的意义。

本书的目的是提出中国国家公园体系的自然资源管理体制和政策措施，为有效地保护好国家公园体系内的自然资源、生态系统、生物多样性和其他自然遗产奠定制度和政策基础。本书将梳理国家公园此类生态用地的国土空间用途管制目的，研究提出统一行使国家公园体系的国土空间用途管制职责的具体措施和建议。在此基础上，本书还将依照《自然资源统一确权登记办法（试行）》，研究提出国家公园内自然资源统一确权登记的具体办法，以及实现国家公园对全民和集体所有自然资源有效管理的体制机制。

1.1.2 研究内容

本书主要包括四大内容模块：

（1）分析中国各类保护地的自然资源产权构成及其管理状况，研究国家公园体系的自然资源管理体制总体架构与建设路径。分析中国各类保护地自然资源类型及其产权构成与管理体制运行状况、存在的问题，深入研究《中共中央关于全面深化改革若干重大问题的决定》，以及中共中央、国务院印发的《关于加快推进生态文明建设的意见》和《生态文明体制改革总体方案》，特别是自然资源资产管理改革和国家公园体制建设等系列政策文件和中央简政放权、"放管服"结合提高行政效率等行政体制改革方向和趋势，着重从自然资源权属的角度，研究提出符合中国国情和国家公园功能要求的国家公园自然资源管理体制总体架构、管理体系及其建设路径。

（2）在《自然资源统一确权登记办法（试行）》的基础上，研究提出中国国家公园体系的自然资源统一确权登记的具体办法。分析归纳出自然资源产权登记已有技术基础、登记流程、登记主管和审核部门等登记管理状况，找出自然产权登记的重难点和制度成因，研究中国自然资源产权登记制度和技术发展方向。研究已经颁布实施的《自然资源统一确权登记办法（试行）》所确定的登记总体架构、登记制度与方法、登记试点内容和措施，分析总结美国、加拿大等国家的国家公园自然资源确权登记具体办法、管理经验及其可以借鉴的内容，在此基础上研究提出中国国家公园体系自然资源统一确权登记的基本制度、管理细则、簿册权证内容等具体操作办法。

（3）针对土地等自然资源所有制不同的情况，研究提出实现国家公园全民所有和集体所有自然资源有效管理的体制机制。通过分析国家公园土地、林地等自然资源的权属情况、现行资源管理体制机制及其运行情况、经验、存在的问题，深入分析中央深化改革，特别是生态文明制度建设、自然资源资产管理改革和土地改革的现状和政策发展趋势，根据国家公园国土空间用途的功能定位，研究提出中国国家公园体系不同所有制下自然资源的有效管理体制和机制。

（4）研究提出整合分散在各部门的国土用途管制职责，统一行使国家公园体系国土空间用途管制职责的具体措施和建议。分析总结与国家公园有关的国土用途管制现状，包括涉管部门、法定职责、管制成效和存在的问题，研究正在起草的《自然生态空间用途管制办法》，以及中共中央办公厅、国务院办公厅印发的《关于划定并严守生态保护红线的若干意见》等生态文明制度建设内容和政策取向，提出保障统一行使国家公园国土空间用途管制职责的法规制度（包括审批制度）、机构职能、责任体系、监测监督措施和保护补偿等经济保障政策措施。

1.2　国家公园与自然资源的概念内涵

1.2.1　国家公园

1. 国家公园的含义

国家公园本质是一类自然保护地。从管理方式来说，国家公园通常由中央政府在权属清楚的国有土地上，依据专门的法律，由专门的部门建立和直接管理，用作保护自然资源和自然生态系统的区域。国家公园设立的目的是保护自然资源与生态系统原真性、完整性，在此前提下方可对自然资源进行法定许可的合理利用。国家公园不单纯是为了满足人们旅游休憩的场所，更不是以自然资源为资本获取收益的经营场所。2017 年 9 月发布的《建立国家公园体制总体方案》对国家公园的界定是：由国家批准设立并主导管理，边界清晰，以保护具有国家代表性的大面积自然生态系统为主要目的，实现自然资源科学保护和合理利用的特定陆地或海洋区域。

国家公园具有强烈的国家主导性。国家公园的国家主导性体现在：（1）国家确立：从世界各国国家公园的确立方式来看，大多数国家是由政府主管部门通过调查和评估把符合国家公园标准的地区确定为国家公园，而后与地方协调共同保护；（2）国家立法：美国、加拿大等国家都有国家层面的专门立法，明确了国家公园的地位、概念、建立目的、确立程序和管理的各项事宜等内容，以确保国家公园在国家统一的法规下进行管理；（3）以国家机构为主导的管理：国家公园应有国家统一的管理机构对其进行管理，管理者角色定位是监管和服务；（4）国家为主导的维护：国家公园作为一种纯公共产品，它的建设离不开政府的公共政策支持。从美国、加拿大、日本和英国等国家来看，无论是中央垂直管理还是地方自治管理，其经费来源主体都是国家财政拨款；（5）国家自然文化遗产的象征：国家公园内的自然、文化资源可以说是一个国家自然文化遗产的精华，代表国家形象，也是极为重要的爱国主义教育基地。

2. 国家公园管理发展趋势

国家公园管理理念在不断变化。我国建立国家公园体制时应把握住管理理念的发展趋势：（1）从保护对象来看，国家公园由单纯的物种保护到栖息地保护，再到自然资源与生态系统的综合性保护，由单一陆地保护走向陆海空综合保护。（2）从保护方法来看，由单纯的看护型保护走向利用现代技术开展的全方位保护与科研科普。（3）从保护力量来看，由一方参与走向多方参与。在保证资源得到充分有效保护的前提条件下，发挥各层次、各方面力量，如政府机构、社区、非政府机构、私人企业，协同努力，共同做好国家公园的保护、管理和利用工作。（4）从空间结构来看，由散点状走向网络化。最初的几十年间，对国家公园和保护区的保护属于"散点状"，将它们作为一个个"岛屿"，孤立起来进行保护，随着生态学的发展，"岛屿式"保护就显示出很多缺点。从散点状走向网络化，就是在保护单个国家公园和保护地时，要考虑其与周围保护地之间的生态联系，将其作为保护地网络的一部分加以考虑，并使其与别的保护地实现管理信息的共享。

1.2.2 自然资源类型

自然资源种类繁多，学术界有各种各样的分类体系和分类方法。法规政策层面根据社会管理的需要给出了不同的分类及其概念范畴（李丽华，2004），这些分类体系有的互相重叠，有的互相矛盾，莫衷一是。因此，明确自然资源的类型及其分类体系是本书研究的基础。

1. 自然资源的学术分类

《辞海》："存在于自然界，在现代经济技术条件下能为人类利用的自然条件，可产生能量的物质资源，又称能源。既是人类赖以生存的重要基础，又是人类社会生产的原料或燃料及人类生活的必要条件和场所。一般可分为矿产资源、土地资源、水资源、气候资源、生物资源、海洋资源等。自然资源的内涵，随时代而变化，随社会生产力的提高和科学技术的进步而扩展。按自然资源的增殖性能，可分为：（1）可再生资源。这类资源可反复利用，如气候资源、水资源、地热资源。（2）可更新资源。这类资源可生长繁殖，其更新速度受自身繁殖能力和自然环境条件的制约，如生物资源。（3）不可再生资源。这类资源形成周期漫长，如矿产资源、土地资源。"

《大英百科全书》："人类可以利用的自然生成物，以及形成这些成分的源泉的环境功能。前者如土地、水、大气、岩石、矿物、生物及其群集的森林、草原、矿藏、陆地、海洋等；后者如太阳能、环境的地球物理机能（气象、海洋现象、水文地理现象），环境的生态学机能（植物的光合作用、生物的食物链、微生物的腐蚀分解作用等），地球化学循环机能（地热现象、化石燃料、非金属矿物的生成作用等）。"

联合国环境规划署（UNEP）（1972 年）："所谓自然资源，是指在一定时间、地点的条件下，能够产生经济价值以提高人类当前和未来福利的自然环境因素和条件的总称。"

2. 自然资源的法律分类

我国《宪法》（2004 年修订版）：第九条规定："矿藏、水流、森林、山岭、草原、荒地、滩涂等自然资源，都属于国家所有，即全民所有；由法律规定属于集体所有的森林和山岭、草原、荒地、滩涂除外。国家保障自然资源的合理利用，保护珍贵的动物和植物。禁止任何组织或者个人用任何手段侵占或者破坏自然资源"。第十条规定："城市的土地属于国家所有。农村和城市郊区的土地，除由法律规定属于国家所有的以外，属于集体所有；宅基地和自留地、自留山，也属于集体所有。国家为了公共利益的需要，可以依照法律规定对土地实行征收或者征用并给予补偿。任何组织或者个人不得侵占、买卖或者以其他形式非法转让土地。土地的使用权可以依照法律的规定转让。一切使用土地的组织和个人必须合理地利用土地。"第二十二条规定："国家保护名胜古迹、珍贵文物和其他重要历史文化遗产"。第二十六条规定："国家保护和改善生活环境和生态环境，防治污染和其他公害。国家组织和鼓励植树造林，保护林木"。从《宪法》这些涉及自然资源的条文规定看，中国的宪法层面列明的自然资源类型主要是矿藏、水流、森林、山岭、草原、荒地、滩涂、珍贵的动物和植物、土地（城市的土地、农村和城市郊区、宅基地和自留地、自留山）、林木等。另外，《宪法》也列明了名胜古迹、珍贵文物和其他重要历史文化遗产等资源。

我国现行的关于自然资源的法律法规主要有：《土地管理法》《矿产资源法》《水法》《森林法》《草原法》《野生动物保护法》《领海及毗连区法》《专属经济区和大陆架法》《海岛保护法》《海域使用管理法》《可再生能源法》《环境保护法》《自然保护区条例》《风景名胜区条例》《地质遗迹保护管理规定》《湿地保护管理规定》《海洋特别保护区管理办法》。从单独立法的角度来看，土地资源、矿产资源、水资源、森林资源、草原资源、野生动物、海域海岛资源等建立了较高位阶的法律，形成了比较完善、规范的管理法规体系。

3. 自然资源的政策文件分类

《中共中央关于全面深化改革若干重大问题的决定》（2013 年）在加快生态文明制度建设部分，提出"健全自然资源资产产权制度和用途管制制度。对水流、森林、山岭、草原、荒地、滩涂等自然生态空间进行统一确权登记，形成归属清晰、权责明确、监管有效的自然资源资产产权制度"。该文件秉承《宪法》精神以列举的方式将水流、森林、山岭、草原、荒地、滩涂等自然生态空间作为自然资源资产产权制度的重要组成部分。

国土资源部、中央编办、财政部、环境保护部、水利部、农业部、国家林业局《关于印发〈自然资源统一确权登记办法（试行）〉的通知》（国土资发〔2016〕192 号）第三条规定："对水流、森林、山岭、草原、荒地、滩涂以及探明储量的矿产资源等自然资源的所有权统一进行确权登记"。很明显，该文件对自然资源类型也以列举方式进行阐述，秉承了《宪法》的精神。

《国务院办公厅关于印发编制自然资源资产负债表试点方案的通知》（国办发〔2015〕82 号）：根据自然资源保护和管控的现实需要，先行核算具有重要生态功能的自然资源。我国自然资源资产负债表中涉及的自然资源包括：土地资源、林木资源和水资源。

《国务院关于全民所有自然资源资产有偿使用制度改革的指导意见》（国发〔2016〕82 号）在各领域重点任务中，提出"完善国有土地资源有偿使用制度、完善水资源有偿使用制度、完善矿产资源有偿使用制度、建立国有森林资源有偿使用制度、建立国有草原资源有偿使用制度、完善海域海岛有偿使用制度"。显然，该文件将自然资源的有偿使用制度范围确定为土地资源、水资源、矿产资源、森林资源、草原资源、海域海岛等6 种自然资源。

4. 本书拟采用的自然资源分类

（1）基于不同管理部门的 8 大类自然资源分类

通过前面的简单梳理，可以看出自然资源在学术领域和国内外的管理实践中，都没有形成一个大家公认的统一的类型分类体系。由于本书的目标主要是支撑服务于政府对于国家公园自然资源的管理，因此，根据我国现行的法律法规体系，考虑中央关于生态文明建设和自然资源管理体制深化改革的一系列文件精神，本书的自然资源对象主要有八大类：a. 土地资源（荒地、滩涂、湿地、沼泽）——依据《土地管理法》；b. 矿产资源（探明储量的矿产资源）——依据《矿产资源法》；c. 水资源（陆地水资源，如河流、湖泊等）——依据《水法》；d. 森林资源（包含珍稀野生动植物及其栖息地）——依据《森林法》；e. 草原资源——依据《草原法》；f. 海域海岛资源——依据《海域使用法和海岛保护法》；g. 地质遗迹资源（山岭、地貌景观、古生物化石产地、洞穴等）——依据《地质遗迹保护规定》；h. 风景名胜资源（自然遗产与文化遗产）——依据《风景名胜区管理条例》。这样归类大体与现行的自然资源法体系类型、自然资源行政管理部门划分及其调查统计体系一致，便于利用各类自然资源历年形成的调查统计技术体系及其数据资料开展研究，进行管理。

（2）基于土地利用现状分类的 6 大类自然资源分类

土地是财富之母，土地也是其他一切自然资源的根基。一种土地类型实际上是土地资源和其他资源的综合体。比如，林地是土地和林木的综合体；草原是土地与草的综合体；耕地是土地与农作物的综合体等。土地资源与人类设施工程结合形成的综合体是不动产，土地资源与其他自然资源结合形成的综合体是自然资源环境资产。

考虑到我国自然资源中土地资源调查统计信息和管理的系统性、全面性，不动产统一登记、自然资源统一确权登记和生态空间用途管制都是以土地资源调查统计及其管制制度为基础的。在国家公园和保护地的自然资源分类中，可以考虑按照 2017 年 11 月国土资源部最新发布的《土地利用现状分类》（GB/T 21010—2017）（按照该标准土地被分为 12 个一级类、73 个二级类），以土地利用现状分类及其调查数据为基础，进行自然资源的分类、确权登记和资源资产管理。这样就可以借用土地利用现状调查取得的林地、草地、水域及水利设施用地（不包括滩涂）等各类型土地调查数据作为森林、草原、水资源的调查数据进行确权登记和资源资产管理。土地利用现状调查显示的林地、草地等数据至少可以反映这些自然资源的宏观地理规模。土地资源的这种分类及其调查统计数据体系基本上能够满足自然资源确权登记、资源资产管理和国土空间管制的技术要求。基于土地利用现状分类的自然资源分类情况具体见表 1-1。该分类中涉及 6 个一级类（分别是耕地、园地、林地、草地、水域及水利设施用地、其他土地）和 31 个二级类。此外，土地利用现状分类中有专门的"湿地"类型，有可能归入"湿地"类的自然资源类型包括：水田、红树林、森林沼泽、灌丛沼泽、沼泽草地、河流水区域、湖泊水区域、水库水区域、坑塘水区域、沿海滩涂、内陆滩涂、沼泽地。

表 1-1　基于土地利用分类的自然资源分类

土地利用分类		自然资源分类		各类自然资源含义
一级	二级	一级	二级	
耕地		耕地		指种植农作物的土地，包括熟地、新开发、复垦、整理地，休闲地（轮歇地、轮作地）；以种植农作物（含蔬菜）为主，间有零星果树、桑树或其他树木的土地；平均每年能保证收获一季的已垦滩地和海涂。耕地中还包括南方宽度＜1.0 m、北方宽度＜2.0 m 固定的沟、渠、路和地坎（埂）；临时种植药材、草皮、花卉、苗木等的耕地，以及其他临时改变用途的耕地
	水田		水田	指用于种植水稻、莲藕等水生农作物的耕地，包括实行水生、旱生农作物轮种的耕地
	水浇地		水浇地	指有水源保证和灌溉设施，在一般年景能正常灌溉，种植旱生农作物的耕地，包括种植蔬菜等的非工厂化的大棚用地
	旱地		旱地	指无灌溉设施，主要靠天然降水种植旱生农作物的耕地，包括没有灌溉设施、仅靠引洪淤灌的耕地
园地		园地与果树等经济林木资源综合体		指以采集果、叶、根、茎、枝、汁等为主的集约经营的多年生木本和草本作物的园地及其附着物，覆盖度大于 50% 或每亩株数大于合理株数 70% 的果园，包括育苗果园
	果园		果树林	指果园地及其附着果树
	茶园		茶树林	指茶园地及其附着茶树
	橡胶园		橡胶林	指橡胶园地及其附着橡胶树
	其他园地		其他作物	指桑树、可可、咖啡、油棕、胡椒、药材等其他多年生作物的园地及其附着物
林地		林地与森林资源综合体		指乔木、竹类、灌木与沿海红树林及其附着林木。包括迹地林，不包括城镇、村庄范围内的绿化林木，铁路、公路、征地范围内的林木，以及河流、沟渠边的护堤林
	乔木林地		乔木林地	指乔木郁闭度≥0.2 的林地及其附着林木，包括森林沼泽
	竹林地		竹林	指竹类植物，郁闭度≥0.2 的林地及其附着竹木
	红树林地		红树林	指沿海生长红树植物的林地及其附着林木

土地利用分类		自然资源分类		各类自然资源含义
一级	二级	一级	二级	
林地	森林沼泽	林地与森林资源综合体	森林沼泽	指乔木森林植物为优势群落的淡水沼泽及其附着植被
	灌木林地		灌木林	指灌木覆盖度≥40%的林地（不包括灌丛沼泽）及其附着灌木
	灌丛沼泽		灌丛沼泽	以灌丛植物为优势群落的淡水沼泽及其附着灌木
	其他林地		其他林木	包括疏林地（树木郁闭度在0.1～<0.2的林地）、未成林地、迹地、苗圃等林地及其附着物
草地		草地与草原资源综合体		指以草本植物为主的土地及其附着草本
	天然牧草地		天然牧草	指以天然草本植物为主，用于放牧或割草的草地（包括实施禁牧措施的草地，不包括沼泽草地）及其附着草本
	沼泽草地		沼泽草	指以天然草本植物为主的沼泽化的低地草甸、高寒草甸及其附着草本
	人工牧草地		人工牧草	指人工种植牧草的草地及其附着草本
	其他草地		其他草原	指树林郁闭度<0.1，表层为土质，不用于放牧的草地及其草本
水域及水利设施用地		水域用地与水资源综合体		指陆地水域、海涂、沼泽等土地及其附着资源。不包括滞洪区和已垦滩涂中的耕地、园地、林地、城镇、村庄、道路等用地
	河流水面		河流资源	指天然形成或人工开挖河流常水位岸线之间的水面（不包括被堤坝拦截后形成的水库水面）用地及其附着水资源
	湖泊水面		湖泊资源	指天然形成的积水区常水位岸线所围成的水面用地及其附着水资源
	水库水面		水库资源	指人工拦截汇积而成的总库容≥10万m³的水库正常蓄水位岸线所围成的水面用地及其附着水资源
	坑塘水面		坑塘水资源	指人工开挖或天然形成的蓄水量<10万m³的坑塘常水位岸线所围成的水面用地及其附着水资源
	沿海滩涂		沿海滩涂	指沿海大潮高潮位与低潮位之间的潮侵地带，包括海岛的沿海滩涂，但不包括已利用的滩涂
	内陆滩涂		内陆滩涂	指河流、湖泊常水位至洪水位间的滩地；时令湖、河洪水位以下的滩地；水库、坑塘的正常蓄水位与洪水位间的滩地，包括海岛的内陆滩地，但不包括已利用的滩地
	沼泽地		沼泽地	指经常积水或渍水，一般生长沼生、湿生植物的土地及其附着植被。包括草本沼泽地、苔藓沼泽、内陆盐沼等，不包括森林沼泽、灌丛沼泽和沼泽草地
	冰川及永久积雪		冰川及永久积雪	指表层被冰雪常年覆盖的土地及其附着物
其他土地		未利用土地资源		指上述土地类别以外的其他类型的土地
	空闲地		空闲地	指城镇、村庄、工矿范围内尚未使用的土地。包括尚未确定用途的土地
	盐碱地		盐碱地	指表层盐碱聚集，生长天然耐盐植物的土地
	沙地		沙地	指表层为沙覆盖、基本无植被的土地，不包括滩涂中的沙地
	裸土地		裸土地	指表层为土质，基本无植被覆盖的土地
	裸岩砾石地		裸岩砾石地	指表层为岩石或砾石，其覆盖面积≥70%的土地

依据土地类型进行自然资源分类的优势有以下几点：a. 充分利用已有的国土资源调查成果，以国土资源为本底对其他资源进行补充调查，同时还可以很好地衔接土地资源和其他自然资源之间的关系；b. 能够比较全面地涵盖全部自然资源，自然资源都是依托土地资源的；c. 不动产统一登记和自然资源统一确权登记都是以土地为基础开展的，便于利用统一登记系统建立统一的自然资源资产确权管理系统，达到建立归属清晰、权责明确、监管有效的自然资源资产产权制度；d. 更有利于自然资源登记和生态空间用途管制充分借鉴和利用国土资源部门在不动产登记组织管理、登记方法、登记程序，以及土地用途管制等方面已积累的工作方法和典型经验。

1.2.3　自然资源管理与自然资源资产管理关系

自然资源管理是指以法律、行政、经济、技术等多种手段，以自然资源科学、持续利用为目的，对自然资源的保护、开发和利用进行规划、组织、指导、协调和监督的管理过程。

资产是国家、企业、自然人拥有或者控制的、能以货币来计量收支的经济资源，包括过去的交易或事项形成的，拥有或控制的且预期会给其带来经济利益的资源，如各种收入、债权等都属于资产范畴。资产的分类很多，按流动性质，一般分为流动资产、长期投资、固定资产、无形资产、递延资产和其他资产。

自然资源资产指国家、企业、自然人等特定主体拥有或者控制的能以货币来计量收支的自然资源，包括过去的交易或事项形成的，拥有或控制的且预期会给其带来经济利益的自然资源（杨世忠，2015）。经济学是研究稀缺资源配置的科学。将资产的概念运用到自然资源领域，试图以资产管理的理论和技术方法对自然资源进行管理和运营的理想很美好，但是遇到了残酷的现实困难。自然资源的自然环境属性、自然生态属性及其多用途性和不可替代性，自然资源保护的正外部性，自然资源利用的负外部性，特别是人类社会整体对自然资源保护及其世代传承、可持续利用的要求，致使自然资源的资产化管理遇到产权边界难以界定，价值难以用普遍认可的货币进行量化，自然资源资产核算及其账户建立融入了大量的主观因素，变成了复杂的数字游戏而难以推广应用，进行市场化的资产运营管理难以完全保障人类社会整体对自然资源环境的利益诉求等难题。如果不能进行市场化运营管理，把自然资源作为资产、资本来管理，并且与传统的资源管理相分离会造成新的多头管理和碎片化管理，不会提高管理的效能。自然资源资产的经营性和非经营性，或者经营性与公益性在实际操作中难以区分，而且能在一定条件下相互转换。现实中，只要是资源，不论是否具有经营性或者公益性，都可以产生经济利益，都在某种程度上具有资产潜质。自然资源资产由于具有世代传承而来的自然遗产价值，生态环境服务功能难以替代，其量、质、时间和空间等多种属性，与企业和会计学范畴的资产相比，比较复杂，特别是拥有或者控制、货币计量等方面难以实现。自然资源能够进行资产化管理必须能够进行经济可行的产权界定，建立排他性产权。由于自然资源的自然属性、生态属性、公共属性，并非所有的自然资源都能够建立排他性产权，国家公园和保护地的资产一般都是自然资源综合体，承载了世代传承的自然遗产价值、生态环境功能、人类社会可持续发展物质基础等功能，很难进行不影响公共利益的、可以保证资源世代传承的并便于进行市场化转让的产权界定。

自然资源资产管理是指特定机构对自然资源进行资产化管理，履行自然资源资产保值增值的责任，建立和完善自然资源资产有偿使用和确权登记制度，制订自然资源资产保值增值考核指标体系、考核标准，通过调查、统计、稽核对所监管的自然资源管理责任主体的自然资源资产的保值增值情况进行监管。自然资源资产管理，即遵循自然资源资产的自然规律和经济规律，建立起以产权约束为基础的管理体制，实现自然资源资产的保值增值。

基于以上分析，自然资源管理与资产管理的关系可归纳如下：一是自然资源管理包含自然资源资产管理。从范围上看，自然资源管理是对自然资源的保护和开发利用进行规划、组织、指导、协调和监督的过程，而自然资源资产管理仅包括对具有明确产权的、可以进行市场化运作的自然资源进行资产化管理。从内容上看，自然资源资产管理主要围绕产权各项权能的实现来开展，而自然资源管理则贯穿于资源管理各个环节。二是自然资源管理目标更全面。自然资源管理的目标在于保护和合理开发利用自然资源，实现经济、社会和生态效益最大化；而自然资源资产管理的主要目标在于保障所有者权益，实现资源保值增值，相比自然资源管理，其目标相对单一。三是自然资源管理与资产管理在实践中难以截然分开。自然资源资产管理的核心是产权管理，这一职能与资源管理中调查评价、权益维护等职能密不可分，很难划分出比较明确的界限。

1.2.4　国家公园自然资源的属性与特点

国家公园属于特定的自然资源保护区域。国家公园的自然资源不同于其他的一般的物和财产，它具有资源和环境的双重属性，不仅具有经济价值，还具有生态价值、社会价值。自然资源包括八大类自然资源、动植物等有形的物质资源。它们还相互结合形成了多元有形、无形的生态环境，构成了自然资源综合体。国家公园和各类保护地的自然资源和自然资源资产管理很难分开，分开管理不利于自然资源的保护和可持续利用，还容易形成新的"九龙治水"、碎片化管理的局面。我国要建立国家公园体制，必须充分考虑国家公园和各类保护地自然资源的综合性、整体性，以及其资源环境的双重属性，从有形的物质资源入手，进行资源环境和资源资产的统一管理，从源头上开展保护与管控，最终实现加快生态文明建设的根本目的。

第2章　中国保护地自然资源产权结构及其管理

2.1　中国现行自然资源资产管理体制与存在的问题

2.1.1　自然资源管理体制现状

1.　自然资源管理体制总体现状

如1.2.2节所述，我国现行的关于自然资源的法律法规有17部之多。与此相对应，我国的自然资源管理除国土资源部门统一管理土地、矿产、海洋海岛、地质遗迹和不动产统一登记外，其他资源都归属不同的部门管理，基本上形成了横向适度分离、纵向相对统一的体制特点。根据"国务院三定方案"，国土资源部承担保护与合理利用土地资源、矿产资源、海洋资源等自然资源的责任，承担全国耕地及基本农田保护，承担监督管理古生物化石、地质遗迹、矿业遗迹等重要保护区、保护地的责任等；国家海洋局承担保护和合理开发利用海洋、海域、海岛资源的责任；水利部承担水资源保护、水土流失防治以及指导水利设施、水域及其岸线的管理与保护等工作；农业部负责指导农用地、渔业水域、草原、宜农滩涂、宜农湿地、农村可再生能源的开发利用以及农业生物物种资源的保护和管理，负责保护渔业水域生态环境和水生野生动植物工作，农业部履行的草原保护与草原防火的有关职责，由农业部草原监理中心承担；国家林业局负责森林、湿地、荒漠和陆生野生动植物资源的保护和开发利用，其中国家林业局履行的湿地保护、荒漠化防治职责，分别由国家林业局湿地保护管理中心和国家林业局防治荒漠化管理中心承担（中央编办二司课题组，2016）。此外，环境保护部负责指导、协调、监督各种类型的自然保护区、风景名胜区、森林公园的环境保护工作；住房和城乡建设部负责拟订全国风景名胜区的发展规划、政策并指导实施，负责国家级风景名胜区的审查报批和监督管理，组织审核世界自然遗产的申报；水利部对水资源保护负责；环境保护部对水环境质量和水污染防治负责（中央编办二司课题组，2016）。长江宜宾以下干流河道采砂管理体制按《长江河道采砂管理条例》的规定执行。其他河道采砂管理的职责分工是：水利部对河道采砂影响防洪安全、河势稳定，堤防安全负责；国土资源部对保障河道内砂石资源合理开发利用负责；交通运输部对河道采砂影响通航安全负责。由水利部牵头，会同国土资源部、交通运输部等部门，负责河道采砂监督管理工作，统一编制河道采砂规划和计划，河道采砂的水上执法监管，要充分发挥交通运输部门执法机构的作用。另外，自党的十八大深化改革以来，涉及不动产统一登记和自然资源统一确权登记的职能由国土资源部牵头，其他相关部门配合组织实施。

　　总体来说，我国土地、矿产、水资源、森林、草原、海域海岛、地质遗迹、风景名胜等八大类自然资源由国土资源部门、水利部门、林业部门、农业部门和住建部门分散管理，但不动产统一登记和自然资源统一确权登记等属于资源资产管理的职能逐渐转变为由国土资源部牵头，其他相关部门配合组织实施。特别是，土地、森林、水等自然资源分散在不同的管理部门，每个部门对职责范围内的自然资源实行资产管理、用途管制等相统一的管理模式。自然资源管理部门同时承担相应的自然资源资产管理职责，自然资源分类及行政管理部门见表2-1。

表2-1　自然资源分类及行政管理部门

地球圈层	自然资源类型	法律	行政主管部门	主要职责	管理措施
岩石圈	土地	《土地管理法》	国土资源部	承担保护与合理利用土地资源、矿产资源、海洋资源等自然资源的责任；承担全国耕地及基本农田保护；承担监督管理古生物化石、地质遗迹、矿业遗迹等重要保护区、保护地的责任等	实施土地有偿使用制度、用途管制制度、土地复垦制度，建立基本农田保护区，实施土地利用总体规划
	矿产	《矿产资源法》			实施矿产资源勘查开采登记制度、采矿许可制度、有偿使用制度，推动绿色矿山建设
	地质遗迹	—			建立地质遗迹保护区、地质公园、矿山公园、自然保护区，对古生物化石、地质遗迹等实行特殊保护
水圈	海洋	《海洋环境保护法》《海域使用管理法》《海岛保护法》	国家海洋局	承担保护和合理开发利用海洋、海域、海岛资源的责任	实行海洋主体功能区规划、海洋环境保护规划、海岛保护规划制度。在重点海洋生态功能区、生态环境敏感区和脆弱区等海域划定生态保护红线，实行严格保护。建立海洋自然保护区、海洋特别保护区

地球圈层	自然资源类型	法律	行政主管部门	主要职责	管理措施
水圈	水流	《水法》《水土保持法》	水利部	承担水资源保护、水土流失防治以及指导水利设施、水域及其岸线的管理与保护等工作	依法实行取水许可制度和有偿使用制度,对用水实行总量控制和定额管理相结合的制度;制订水资源战略规划、水功能区划,建立饮用水水源保护区、水利风景区;实行水土保持目标责任制、考核奖惩制度、规划制度、方案编制制度等,实行排污许可制度、总量控制制度
		《水污染防治法》	环境保护部	对水环境质量和水污染防治负责	
生物圈	森林	《森林法》	国家林业局	负责森林、湿地、荒漠和陆生野生动植物资源的保护和开发利用	对森林实行限额采伐,实施采伐许可证制度,鼓励植树造林、封山育林;设立森林生态效益补偿基金,收取森林植被恢复费;建立资源档案制度;建立森林公园、自然保护区,加强森林资源保护
	湿地	—			采取建立湿地自然保护区、湿地公园、湿地保护小区、湿地多用途管理区等方式,健全湿地保护体系,完善湿地保护管理机构,加强湿地保护
	陆生野生动植物	《野生动物保护法》		负责指导农用地、渔业水域、草原、宜农滩涂、宜农湿地、农村可再生能源的开发利用以及农业生物物种资源的保护和管理;负责保护渔业水域生态环境和水生野生动植物工作	国家对野生动植物实行分类分级保护,对珍贵、濒危的野生动植物实行重点保护,建立重点保护野生动物名录;建立自然保护区、森林公园、湿地公园、渔业资源保护区等对珍稀动植物实行就地保护
	水生野生动植物		农业部		
	草原	《草原法》			对草原保护、建设、利用实行统一规划制度,建立草原调查制度、草原统计制度,建立草原生产、生态监测预警系统,实行基本草原保护制度,实行以草定畜、草畜平衡制度,实行退耕还草和禁牧、休牧制度,建立草原自然保护区

　　自然资源实行中央与地方分级管理。《宪法》规定,矿藏、水流、森林、山岭、草原、荒地、滩涂等自然资源属于国家所有(法律规定属于集体所有的森林和山岭、草原、荒地、滩涂除外)。但在实际运行过程中,自然资源由中央与地方实行分级管理。根据有关法律的规定,矿产、森林、草原等大部分自然资源由国务院行政主管部门负责全国的管理工作,县级以上人民政府行政主管部门负责本地区的管理工作。对水资源实行流

域管理与行政区域管理相结合的管理体制。《水法》规定，国务院水行政主管部门负责全国水资源的统一管理和监督工作；国务院水行政主管部门在重要的江河、湖泊设立流域管理机构，负责管辖范围内水资源的管理和监督；县级以上地方人民政府水行政主管部门按照规定的权限，负责本行政区域内水资源的统一管理和监督工作。

2. 国家公园与保护地管理体制现状

1956 年，中国科学院华南植物研究所在广东肇庆建立了我国第一个自然保护区——广东鼎湖山自然保护区，由此开始了我国的各类自然资源保护地由部门主导推动建设和管理的进程。目前，我国已形成多类型、分层级的保护地体系。既有依据行政法规设立的自然保护区、风景名胜区、基本农田保护区，也有依据部门规章或规范性文件建立的森林公园、湿地公园、地质公园、水利风景区、海洋特别保护区、矿山公园等。由于建立之初就缺乏顶层总体设计，我国的各类保护地是各部门根据国务院指定或者根据各自职责范围的延伸主动作为建立起来的。这样的建立过程，必然形成部门分散管理的格局。

我国的自然保护地建设发展迅速，类型多样，现有 10000 多处。根据国务院相关管理条例批建的自然保护区与风景名胜区是最主要的保护地类型。中国的自然保护区、风景名胜区、地质公园、森林公园等分为国家级和地方级，地方级又包括省、市两级或者省、市、县三级。此外，由于建立的目的、要求和本身所具备的条件不同而有多种类型。如按照保护的主要对象来划分，自然保护区可以分为自然生态系统类保护区、野生生物类保护区和自然遗迹类保护区 3 类。我国自然保护地类别及管理体系见表 2-2。

截至 2016 年，我国已建立国家、省、市、县四级自然保护区总数 2740 个，面积达 147.03 万平方千米，占国土面积的 14.8%。其中国家级 428 处，占地 96.49 万平方千米；省级 879 处，占地 37.96 万平方千米；市级 410 处，占地 4.66 万平方千米；县级 1023 处，占地 7.92 万平方千米。面积最大的保护区是西藏羌塘国家级自然保护区，总面积 29.8 万平方千米。面积大于 1 万平方千米的特大型自然保护区主要分布在西藏、青海、甘肃、新疆、内蒙古等欠发达地区。

到 2016 年，我国风景名胜区总数 962 处（国家级 225 处，地方级 737 处），面积为 19.37 万平方千米，占国土面积的 2.02%。另外，我国还拥有世界自然文化遗产 50 处。

表 2-2　我国自然保护地类别及管理体系

保护地类别	定义	设立依据	行政主管部门	管理层级	分区	管理机构设置	综合目标
自然保护区	对有代表性的自然生态系统、珍稀濒危野生动植物物种的天然集中分布区、有特殊意义的自然遗迹等保护对象所在的陆地、陆地水体或者海域,依法划出一定面积予以特殊保护和管理的区域	《中华人民共和国自然保护区条例》	环保综合管理、林业、农业、国土、水利、住建、海洋	国家—省—市—县四级	核心区、实验区、缓冲区	县级以上地方人民政府负责设立专门的管理机构,配备专业技术人员	保护具有典型代表性的区域,储备物种,进行科学研究
风景名胜区	具有观赏、文化或者科学价值,自然景观、人文景观比较集中,环境优美,可供人们游览或者进行科学、文化活动的区域	《风景名胜区条例》	住建	国家—省两级	无	县级以上地方人民政府负责设置风景名胜区管理机构	保存自然状态和历史原貌,供人们游览或进行文化、科学活动
基本农田保护区	为对基本农田实行特殊保护而依据土地利用总体规划和依照法定程序确定的特定保护区域	《基本农田保护条例》	国土、农业	—	—	—	对基本农田实行特殊保护,促进农业生产和社会经济的可持续发展
森林公园	森林景观优美,自然景观和人文物集中,具有一定规模,可供人们游览、休息或进行科学、文化、教育活动的场所	《森林公园管理办法》	林业	国家—省—市县三级	—	森林公园经营管理机构	利用森林的多种功能涵养环境,融合自然景观与人文景观,开展生态、休闲、观光旅游
地质公园（地质遗迹保护区）	对在地球演化的漫长地质历史时期,由于各种内外动力地质作用,形成、发展并遗留下来的珍贵的、不可再生的,具有国际、国内和区域性典型意义的地质自然遗产,可建立国家级、省级、县级地质遗迹保护段、地质遗迹保护点或地质公园,统称地质遗迹保护区	《地质遗迹保护管理规定》	国土	国家—省—县三级	一级、二级、三级	地质公园（地质遗迹保护区）管理机构	保护地质遗迹,提供科普教育基地

保护地类别	定义	设立依据	行政主管部门	管理层级	分区	管理机构设置	综合目标
湿地	常年或者季节性积水地带、水域和低潮时水深不超过 6 m 的海域，包括沼泽湿地、湖泊湿地、河流湿地、滨海湿地等自然湿地，以及重点保护野生动物栖息地或者重点保护野生植物的原生地等人工湿地	《湿地保护管理规定》	林业	国家—省两级	—	湿地保护管理机构	保护湿地生态系统，合理利用湿地资源
水利风景区	以水域（水体）或水利工程为依托，具有一定规模和质量的风景资源与环境条件，可以开展观光、娱乐、休闲、度假或科学、文化、教育活动的区域	《水利风景区管理办法》	水利行政主管部门和流域管理机构	国家—省两级	核心景区、景区、保护地带	水利风景区管理机构	以水域或水利工程为依托，开展观光、休闲或科学文化活动
海洋特别保护区	具有特殊地理条件、生态系统、生物与非生物资源及海洋开发利用特殊要求，需要采取有效的保护措施和科学的开发方式进行特殊管理的区域	《海洋特别保护区管理办法》	海洋	国家级地方级	重点保护区、适度利用区、生态与资源恢复区、预留区	海洋特别保护区管理机构	保护海洋自然资源和生态环境

到 2016 年，我国建成国家地质公园 241 处（含联合国教科文组织批准世界地质公园 35 处）；省级地质公园近 300 处，总面积 116487.85 平方千米，占国土面积的 1.21%。我国的海洋保护区 148 处，其中，海洋自然保护区 34 处，海洋特别保护区 63 处。种质资源保护区 51 处，保护面积 10.16 万平方千米，约占我国管辖海域面积的 3.4%。另外，还建成国家级海洋公园 42 个，面积 4.1 万平方千米，占领海面积的 0.09%。

到 2016 年，我国建成森林公园 3234 处（国家级 826 处，地方级 2408 处），面积 185394.28 平方千米，占国土面积的 1.92%。湿地公园 979 个，面积 3.19 万平方千米，占国土面积的 0.33%。

另外，我国建成水利风景区 2500 个。国家级沙漠公园 55 个，面积 2973 平方千米，占国土面积的 0.03%。国家级水产种质资源保护区 464 个，面积 157221.94 平方千米，占国土（领海）面积的 1.63%。

正是因为我国有这么多的自然保护地类型，因此需要优化完善自然保护地体系。逐步改革各个部门按照各自定义的资源类型分类设置自然保护区、风景名胜区、文化自然遗产、地质公园、森林公园等自然保护地的体制，对我国现行自然保护地保护管理效能进行评估，进一步研究各类自然保护地的功能定位，理清各类自然保护地关系，研究其科学分类标准，构建以国家公园为代表的自然保护地体系。

2.1.2　自然资源管理体制存在的问题

1.　自然资源管理体制存在的主要问题

（1）自然资源法律法规体系缺乏整体性顶层设计。各类自然资源法规体系大多数以部门立法的形式形成，缺乏整体考虑，现行法规不完善、重叠与缺位并存。一方面，立法水平不高，法律条文过于原则和空洞，不全面、不具体，可操作性较差；另一方面，由于我国立法体制受行政体制的制约，各资源法一般都是由相应的资源管理行政部门负责起草，各部门往往较多地考虑本部门、本系统的利益，这使得自然资源单项法都比较单一地侧重于某项自然资源的管理，缺乏整体的配合，甚至一些法律条文之间还有相互抵触的情况。

（2）自然资源管理部门分割、权责不够清晰明确。我国法律规定，城市土地、水、森林、矿产等自然资源归国家所有（即全民所有），国务院代表国家（全民）行使国有自然资源所有者职责。但是在实际运行过程中，由于分部门、分级管理，部门之间、中央与地方之间对于国家的自然资源所有权的代理关系及其权责界限不够清晰。一部分自然资源，特别是各类保护地的国有自然资源与景区开发经营权、特许经营权等产权关系不明确。企事业单位和个人通过契约从地方政府那里获得一些保护地的景区开发经营权，从而变成该景区自然资源的实际控制者。各级政府对这些景区只有管理权，其自然资源所有权权益没有明确的规定，相关收益也没有上交国库，国家所有权事实上虚置或弱化。这种所有权虚化的直接结果是各类自然资源开发经营过程中责、权、利失衡，资源的实际控制者可以从中实现利益最大化，国家权益、公共利益得不到充分保障，甚至受到损害，世代传承永续利用的目标难免会落空。

（3）自然资源管理效能不够理想。各类自然资源是密切联系、有机统一的整体，对某一资源的破坏常常引起其他资源的连锁式不良反应。在部门利益驱动下，强调本部门资源利用利益最大化的同时，往往影响了其他资源的数量、结构和功能。山水林田湖是一个生命共同体，具有整体性、系统性等特点。种树的只管种树、治水的只管治水、护田的只管护田、采矿的只管采矿，各部门工作无法形成合力、相互掣肘，山水林田湖顾此失彼，最终造成生态环境的系统性破坏。在实行分类管理的同时，对于同一自然资源又按照不同的管理环节或者功能用途，在一个部门内归口不同的内设机构管理，造成部门之间分类管、部门内部分片管，导致管理碎片化、系统性缺失。例如，国家发展和改革委员会、住房和城乡建设部、国土资源部、环境保护部等部门从各自管理的角度针对自然资源分别制订主体功能区规划、城乡规划、国土规划、土地利用规划、生态建设和环境保护规划，但是没有形成规划合力，规划的多、落实的少。另外，国土资源、环保、水利、林业、农业等部门都对自然资源进行监测，监测点位、监测网络设置缺乏系统性、科学性，监测时空要求缺乏一致性，监测数据可用性差，不能反映资源质量变化规律和问题的时空分布范围，监测结果无法支撑监督管理工作，造成投入浪费，管理效能不彰。

2. 国家公园与保护地自然资源管理体制存在的主要问题

（1）缺乏对国家公园与保护地自然资源综合体的整体及其产权管理的法律设计。我国国家公园及各类保护区是以土地或者国土空间为依托，集中了森林、水、地质遗迹、草原等自然资源，形成了集各类资源和生态服务功能于一体的国土生态空间。国家公园与保护地各类型的自然资源交织在一起，你中有我，我中有你，很难截然分开，即使能够分开，但都具有多样性、多用性，形成了一个自然资源综合体。国家公园与各类保护地的自然资源综合体是典型的"公共物品"，在现实操作中很难分割，很难做排他性界定。我国对各类自然资源产权体系特别是自然资源使用权的构建忽视了国家公园与保护地自然资源的综合性、整体性。按照土地、森林、草原、水等单个资源类型设计的产权体系，在国家公园与保护地这个自然资源综合体上难以落地实施。按照目前的单个类型的自然资源产权体系进行确权登记和产权配置，必然导致国家公园与保护地自然资源使用权权利边界重叠，权利冲突问题大量存在，权利之间难以协调，权利目标难以实现。

（2）在国家层面没有形成统一的监管体系，过分强调各类自然资源管理的专业化，忽视了综合性和整体性，部门各自为政，没有形成监管合力。国家公园或者保护地的自然资源管理没有按照自然资源综合体的理念进行管理。目前的国家公园或者保护地的自然资源依据各类自然资源的特点及其专业化调查、评价、监督管理的需要，以部门分头管理为特点，条块分隔，管理效能不彰。自然资源管理涉及的部门有国土、林业、农业、水利、住建、发改等部门，各部门一般只对国家公园或者保护地的某一类资源进行管理，管理措施交叉与管理缺位并存。往往是好管的、有利于部门政绩、利益和形象的大家争着干，不好干的、不有利于部门政绩、利益和形象的，则互相推诿。

（3）国家公园与保护地自然资源没有进行确权登记。土地、矿产、水流、森林、山岭、草原、荒地、滩涂等自然资源，特别是国家公园与保护地自然资源是建设美丽中国、深化生态文明制度改革的根本载体，是重要资源性资产。但是，我国的国家公园与保护地的自然资源（属于不动产登记范畴的除外）没有进行统一确权登记，自然资源资产家底不清，各类自然资源的质量、数量和保护要求没有全面摸清，更没有通过登记的法律手段予以公示明确，落实到每一个产权人或者使用权人，自然资源的权利主体不明，保护责任不明，无法调动权利主体的自然资源保护积极性，更不可能做到根据自然资源类型和权属状况，分类施策、有效保护、合理开发利用和高效监管。不对自然资源进行统一确权登记，就无法进一步推进自然资源产权制度改革，生态文明制度体系就不会完整，在自然资源管理领域推进国家治理体系和治理能力现代化也会成为一句空话。

（4）国家公园与保护地等国土生态空间划定及其管制不规范、不严格。我国已经建立了包括耕地、森林、草原、水域等自然资源的用途管制制度，也已经将国家公园或者各类保护地列入禁止开发区进行管控，但国家公园或者各类保护地的划定都是各地为了申请中央财政经费、为了国家级的牌子，自下而上申报确定的，不是国家从全国或者区域自然资源和自然生态系统保护的需要，根据科学标准，考虑自然生态系统的完整性、原真性，自上而下划定的，缺乏系统性、科学性、严谨性。自然生态空间管制没有达到土地用途管制那样的管制强度，随意缩减变动管制范围和管制措施的事屡见不鲜。另外，国家公园或者各类保护地受自然资源分部门管理影响，缺乏统一的国土生态空间监管与规划体系，管理分散。各部门积极发展隶属于本部门的保护地，制订了符合本部门管理需要的规划。国家公园或者各类保护地的国土生态空间管制尚没有形成强有力的管制合力。

2.2　各类型自然资源的产权组成结构

2.2.1　产权及自然资源产权的内涵

产权一般是指财产的所有权，以及由其所派生出来的占有、使用、收益、处置等权利。产权也被认为是所有权、使用权、收益权、处置权等构成的一束权利或者是一组权利。产权界定一般是指对某一标的物的权利主体、权利边界、权能等进行划分确定。基于不同的假设前提和分析角度，不同学者对产权的解释也各有差异，但在以下三点取得了共识：（1）产权是一种排他性的权利，这种权利必须是可以平等交易的法权，而不是不能进入市场的特权；（2）产权是规定人们相互行为关系的一种规则，并且是社会基础性的规则；（3）产权是一种权利束，它可以分解为多重权利并统一呈现为一种结构状态。

自然资源产权目前还没有形成大家公认的概念，但可以参考产权的定义，概括自然资源产权的概念——自然资源产权是自然资源所有权，以及由其所派生出来的占有、使用、收益、处置等权利。自然资源产权是自然资源所有权及其派生出来的使用权、处置权、收益权、租赁权、特许经营权等组成的权利束。自然资源产权的确定，关系到国家、集体、个人、企业等之间关于自然资源权利行使边界、权能及其收益的分配。厘清自然资源产权有利于保护权利人的利益，有利于利用产权调动产权人保护自然资源的积极性。

2.2.2　相关法律法规对自然资源产权的界定

我国 2004 年修正通过的《宪法》第九条规定，"矿藏、水流、森林、山岭、草原、荒地、滩涂等自然资源，都属于国家所有，即全民所有；由法律规定属于集体所有的森林和山岭、草原、荒地、滩涂除外"，这确定了我国自然资源属于国家所有（即全民所有）的产权属性，但其中森林、山岭、草原、荒地、滩涂的部分自然资源属于集体所有，而矿产、水流资源则全部属于国家所有。第十条单独对土地产权进行了规定，"城市的土地属于国家所有；农村和城市郊区的土地，除由法律规定属于国家所有的以外，属于集体所有；宅基地和自留地、自留山，也属于集体所有。"这确定了我国土地资源的基本产权属性，城市土地属于国家所有，农村和城市郊区土地除了属于国有所有（飞地）的以外，都属于集体所有，宅基地、自留地、自留山属于集体所有。

《土地管理法》（2004 年修订版）第二条规定："中华人民共和国实行土地的社会主义公有制，即全民所有制和劳动群众集体所有制""全民所有，即国家所有土地的所有权由国务院代表国家行使""国家为了公共利益的需要，可以依法对土地实行征收或者征用并给予补偿"；第十条规定："农民集体所有的土地依法属于村农民集体所有的，由村集体经济组织或者村民委员会经营、管理；已经分别属于村内两个以上农村集体经济组织的农民集体所有的，由村内各该农村集体经济组织或者村民小组经营、管理；已经属于乡（镇）农民集体所有的，由乡（镇）农村集体经济组织经营、管理"，集体土地所有权中的集体包括三种类型村农民集体：村民小组集体、村集体、乡（镇）农民集体。

我国的土地资源在国家所有和集体所有的基础上，又分别创设了国有土地使用权，集体土地承包经营权和农村宅基地使用权、农村集体建设用地使用权等土地资源权利束。

《森林法》（2009 年修订版）第三条规定："森林资源属于国家所有，由法律规定属于集体所有的除外""国家所有的和集体所有的森林、林木和林地，个人所有的林木和使用的林地，由县级以上地方人民政府登记造册，发放证书，确认所有权或者使用权"。《森林法》（2009 年修订版）规定了森林资源属于国家和集体所有，但个人具有林木所有权和林地使用权。我国的森林资源（森林、林木、林地）在国家所有和集体所有的基础上，又分别创设了国有森林资源、林木（林地）使用权，集体森林资源、林木（林地）承包经营权。另外，我国还存在林木个人所有权。因此，森林资源的产权是由国家和集体所有权，国有森林资源、林木（林地）使用权，集体森林资源、林木（林地）承包经营权和林木个人所有权组成的权利束。

《草原法》（2013 年修订版）第九条规定："草原属于国家所有，由法律规定属于集体所有的除外。国家所有的草原，由国务院代表国家行使所有权"，第十条规定："国家所有的草原，可以依法确定给全民所有制单位、集体经济组织等使用"，第十三条规定："集体所有的草原或者依法确定给集体经济组织使用的国家所有的草原，可以由本集体经济组织内的家庭或者联户承包经营"。据此，可以看出草原所有权包括国家所有和集体所有，国家所有的草原由国务院代表国家行使所有权，集体所有的草原由所属集体代表行使所有权，草原可以由集体或者个人承包使用。我国的草原资源在国家所有和集体所有的基础上，又分别创设了国有草原资源使用权、集体草原资源承包经营权。因此，我国的草原资源的产权是由国家和集体所有权、国有草原资源使用权、集体草原资源承包经营权组成的权利束。

《水法》（2016 年 7 月修订）明确规定：水资源，包括地表水和地下水。该法第三条规定："水资源属于国家所有。水资源的所有权由国务院代表国家行使。农村集体经济组织的水塘和由农村集体经济组织修建管理的水库中的水，归各该农村集体经济组织使用。"第六条规定："国家鼓励单位和个人依法开发、利用水资源，并保护其合法权益。开发、利用水资源的单位和个人有依法保护水资源的义务。"第七条规定："国家对水资源依法实行取水许可制度和有偿使用制度。但是，农村集体经济组织及其成员使用本集体经济组织的水塘、水库中的水的除外。国务院水行政主管部门负责全国取水许可制度和水资源有偿使用制度的组织实施。"第四十八条规定："直接从江河、湖泊或者地下取用水资源的单位和个人，应当按照国家取水许可制度和水资源有偿使用制度的规定，向水行政主管部门或者流域管理机构申请领取取水许可证，并缴纳水资源费，取得取水权。但是，家庭生活和零星散养、圈养畜禽饮用等少量取水的除外。"这说明我国的水资源是单一的国家所有权，在水资源国家所有权之下，创设了取水权（取得取水许可证、缴纳水资源有偿使用费），明确规定了农村集体经济组织的水塘和由农村集体经济组织修建管理的水库中的水，归各该农村集体经济组织使用，即农村集体经济组织水库、水塘水使用权，该权利为集体经济组织水库、水塘存在或者建成后自然获得。因此，我国的水资源产权是由国家所有权、取水权和农村集体经济组织水库、水塘水使用权组成的权利束。

《海域使用管理法》第三条规定："海域属于国家所有，国务院代表国家行使海域所有权。任何单位或者个人不得侵占、买卖或者以其他形式非法转让海域。单位和个人使用海域，必须依法取得海域使用权。"第六条规定："国家建立海域使用权登记制度，依法登记的海域使用权受法律保护。"因此，我国的海域资源产权是由海域国家所有权和海域使用权组成的权利束。

《海岛保护法》所称海岛，是指四面环海水并在高潮时高于水面的自然形成的陆地区域，包括有居民海岛和无居民海岛。该法第四条规定："无居民海岛属于国家所有，国务院代表国家行使无居民海岛所有权。"第十六条规定："国务院和沿海地方各级人民政府应当采取措施，保护海岛的自然资源、自然景观以及历史、人文遗迹。禁止改变自然保护区内海岛的海岸线。禁止采挖、破坏珊瑚和珊瑚礁。禁止砍伐海岛周边海域的红树林。"我国的无居民海岛的产权是由国家所有权和海岛使用权组成。有居民海岛的自然资源权属关系则由各单独自然资源的产权法律关系确定。

另外，《生态文明体制改革总体方案》（中发〔2015〕25号）规定："完善海域海岛有偿使用制度。建立海域、无居民海岛使用金征收标准调整机制。建立健全海域、无居民海岛使用权招拍挂出让制度"，为海域海岛资源产权制度改革确定了方向。

《渔业法》（2014年修订版）第十一条规定："集体所有的或者全民所有由农业集体经济组织使用的水域、滩涂，可以由个人或者集体承包，从事养殖生产"；第十四条规定："国家建设征用集体所有的水域、滩涂，按照《中华人民共和国土地管理法》有关征地的规定办理"，规定了水域、滩涂（包含渔业资源）资源的使用者为个人或者集体；集体所有权的水域、滩涂资源可以根据《土地管理法》（2004年修订版）进行征地转变为国家所有权性质。《土地管理法》（2004年修订版）第十四条和第十五条规定从事渔业生产的水域和滩涂土地包括农民集体所有权和国家所有权，并可以将此水域、滩涂（包含渔业资源）承包给集体或个人使用。水域、滩涂是由国家所有和集体所有，在水域、滩涂国家所有权和集体所有权之下，法律规定了水域、滩涂的承包经营权。

《矿产资源法》（1996 年修订版）第三条规定："矿产资源属于国家所有，由国务院行使国家对矿产资源的所有权。地表或者地下的矿产资源的国家所有权，不因其所依附土地的所有权或者使用权的不同而改变""勘查、开采矿产资源，必须依法分别申请、经批准取得探矿权、采矿权，并办理登记"；第三十五条规定："鼓励集体矿山企业开采国家指定范围内的矿产资源，允许个人采挖零星分散资源"。《矿产资源法》（1996 年修订版）规定了矿产资源属于国家所有，由国务院行使国家对矿产资源的所有权，矿产资源勘探和开采的具体主体包括国有矿山企业、集体矿山企业、个人矿山企业。矿产资源的产权由矿产资源所有权及其探矿权、采矿权构成。

2.2.3　自然资源产权的总结

总体来说，在我国八大类自然资源中，现行法律规定：矿产资源（探明储量的矿产资源）、水资源（除养殖水面外）、森林资源（除林木和林地外的森林资源）、地质遗迹资源（山岭、地貌景观、古生物化石产地、洞穴等）、海域海岛资源、风景名胜资源（自然遗产与文化遗产）等属于国家所有，不存在集体或者个人所有。土地资源（包含荒地、滩涂、湿地、沼泽）、水资源中的养殖水面滩涂、森林资源中的林木和林地资源、草原资源等存在国家所有和集体所有两种所有形式，其中林木资源还存在个人所有的所有权形式。

国家公园或者各类保护地中的资源产权关系都是按照《宪法》第九条、第十条及各资源类型适用的法律法规来确定产权关系的，没有单独的针对国家公园或者保护地自然资源综合体的产权关系法律。现实中，除按照上述法律确定产权关系外，国家公园或者保护地还存在所谓的景区管理权与景区经营权分离理念中之景区经营权、特许经营权等产权。这种景区经营权显然是指向国家公园或者保护地的所有自然资源综合体的，而不是单独的某种自然资源所有权约束之下的经营权，而且这种经营权应该是受国家所有和集体所有以及林木个人所有共同约束之下的经营权，因此，国家公园或者保护地的自然资源存在国家、集体和林木个人所有权三种形态。

2.3　国家公园试点区自然资源类型、产权组成和管理

截至目前，九个国家公园试点方案已经批复并在有条不紊地推进当中。首先，从试点国家公园功能分区来看，北京长城、东北虎豹和三江源三个国家公园试点未进行功能分区，其他国家公园功能分区见表 2-3，功能分区类型包括严格/核心保护区、生态保育区、游憩展示区、传统利用区、严格控制区、生态修复区六类。九个试点区的总面积为 168548.5 平方千米，面积最大的是三江源国家公园，为 12.31 万平方千米，最小的是北京长城国家公园，为 59.9 平方千米。

表 2-3　试点国家公园功能分区统计　　　　　　　　　单位：km²

名　称 ＼ 分　区	严格/核心保护区	生态保育区	游憩展示区	传统利用区	严格控制区	生态修复区	合计
神农架国家公园	608.0	489.0	48.0	25.0	—		1170.0
武夷山国家公园	424.1	—	—	32.7	160.4	365.4	982.6
钱江源国家公园	71.8	123.1	15.8	41.3			252.2
南山国家公园	213.6	344.1	18.3	59.9			635.9
香格里拉普达措国家公园	157.9	396.5	27.6	20.1	—		602.1
大熊猫国家公园	19872.0	—	480.0	3632.0		3150.0	27134.0

其次，从试点国家公园自然资源分类统计来看，由于目前试点国家公园的自然资源登记统计工作正在前期开展当中，根据已有的资料，按照自然资源的八大分类，对其进行了汇总和统计（表 2-4）。从表中可以看出，试点国家公园中暂没有海域岛屿资源。这些试点国家公园都不允许设置探矿权和采矿权，因此不统计矿产资源。神农架国家公园和三江源国家公园有草原资源，其他 7 个国家公园则没有。

最后，从试点国家公园土地权属和管理体制来看（表 2-5），大熊猫国家公园未获取相关土地权属资料，三江源国家公园的土地全部属于国家所有，其他试点国家公园土地权属都存在集体土地和国有土地。管理机构整合前都是根据各类不同自然保护地各自设置管理机构，整合后统一设置国家公园管理局或委员会，实行各资源统一管理，并统一编制人员。生态补偿包括集体土地流转、生态移民等。

表 2-4　九个试点国家公园自然资源分类统计

自然资源名称	土地资源	矿产资源	水资源	森林资源	草原资源	地质遗迹资源	海域海岛资源	风景名胜资源
神农架国家公园	耕地、园地、林地、草地、湿地、滩涂、荒地，土地总面积50.84 km²，其中重点保护区7.79 km²	没有探矿权和采矿权	多年平均径流深为726.5 mm，年径流系数为0.65，流域总面积为1169.88 km²	活立木总蓄积量11980400.9 m³，其中森林占99.66%，疏林和散生木占0.34%	高山草原上万亩	山体地貌、构造地貌、流水地貌、岩溶地貌、冰川地貌等地质遗迹近200处	无	自然景观与人文景观两大类、天景、地景、水景、生景、园景、胜迹与风物七小类共326处
武夷山国家公园	耕地、园地、林地、草地、荒地、滩涂	没有探矿权和采矿权	湖泊、河流、水库	常绿阔叶林等11个植被型，森林覆盖率87.86%	无	山体地貌、流水地貌、构造地貌等	无	自然景观与人文景观
钱江源国家公园	耕地、园地、林地、草山、荒山、滩涂，其中林场用地51.44 km²	没有探矿权和采矿权	马金溪、何田溪、中村溪等以及一些湖泊	中亚热带常绿阔叶林、针叶林等5种类型，森林覆盖率81.19%	无	山体地貌、流水地貌、构造地貌等	无	自然景观与人文景观
南山国家公园	耕地19.78 km²，园地4.38 km²，林地498.23 km²，草地84.24 km²，其他土地2.57 km²	没有探矿权和采矿权	河川水系发达，河流总长300余km. 主要水库5个	常绿阔叶混交林、落叶阔叶林等5个森林类型	无	山体地貌、流水地貌、构造地貌等	无	自然景观与人文景观
北京长城国家公园	耕地0.74 km²，园地0.42 km²，林地54.60 km²，草地1.40 km²，其他土地0.24 km²	没有探矿权和采矿权	帮水峪河、西拨子河、关沟河，总长47.7 km，总流域面积148.5 km²	八达岭林场总面积29.40 km²，林木绿化率94.52%，天然林28.20 km²，人工林26.34 km²	无	山体地貌、流水地貌、构造地貌等	无	历史文化遗产1处（八达岭长城），全国重点文物保护单位1处（京张铁路段）和自然景观十余处
香格里拉普达措国家公园	耕地、园地、林地、草地、荒地、滩涂	没有探矿权和采矿权	金沙江的两一级支流发源地，河流、湖泊	硬叶常绿阔叶林、寒温叶针叶林	无	山体地貌、流水地貌、构造地貌等	无	自然景观与人文景观
东北虎豹国家公园	耕地、园地、林地、草地、荒地、滩涂	已设矿业权逐渐退出	河流、湖泊	温带针叶阔叶混交林	无	山体地貌、构造地貌等	无	自然景观与人文景观

自然资源名称	土地资源	矿产资源	水资源	森林资源	草原资源	地质遗迹资源	海域海岛资源	风景名胜资源
大熊猫国家公园	耕地434 km²，林地24348 km²，草地738 km²，其他土地1555 km²	已设矿业权逐渐退出	河流、湖泊	55个林场，林地比较多	无	5个地质公园，山体地貌、流水地貌、构造地貌等	无	自然景观与人文景观
三江源国家公园	林地495.2 km²，草地86832.2 km²，冰川雪山833.4 km²，湿地29842.8 km²	没有探矿权和采矿权	扎陵湖、鄂陵湖两湖蓄水165 亿 m³	无	高寒草原	山体地貌、流水地貌、构造地貌、冰川雪山等	无	自然景观与人文景观

表 2-5　九个试点国家公园土地权属和管理体制

国家公园名称	总面积/km²	土地权属组成				管理机构整合		人员与运行成本		生态补偿事项
		国有土地		集体土地		整合前管理	整合后管理	编制数/人	成本/万元	
		面积/km²	占比/%	面积/km²	占比/%					
神农架国家公园	1170	1003.8	85.80	166.2	14.2	国家自然保护区、国家地质公园等各具管理职责、机构和人员	神农架国家公园管理局，下设四个分区管理机构（大九湖、神农顶、老君山、神农木鱼），并管理若干直属机构（科研、综合执法、森林公安、信息平台建设），负责自然资源保护和管理职责	320	34748	1. 生态移民搬迁 500 余户2100 人，安置资金 6300 万元；2. 与村委、农户签订集体林地共管协议，面积12.45万亩，补偿费用498万元
武夷山国家公园	982.59	282.36	28.74	700.23	71.26	国家级自然保护区管理局、风景名胜区管理委员会各具管理职责、机构和人员	武夷山国家公园管理局，管理局下设若干职能部门，负责保护、管理和运营，行使自然资源管理和国土空间用途管制职责	314	61835	1. 实施生态移民工程；2. 通过征收 6.6 km² 或租赁 47.23 km² 或地役权获取国有土地和实现集体土地流转

国家公园名称	总面积/km²	土地权属组成				管理机构整合		人员与运行成本		生态补偿事项
		国有土地		集体土地		整合前管理	整合后管理	编制数/人	成本/万元	
		面积/km²	占比/%	面积/km²	占比/%					
钱江源国家公园	252	51.28	20.3	200.72	79.7	自然保护区、森林公园、风景名胜区管理职责，机构和人员，其中部分实现了区政合一的管理体制	钱江源国家公园管理委员会、浙江省政府直管，内设综合办公室、下设生态资源管理局，钱江源国家公园研究院、生态资源管理局苏庄、长虹、何田、齐溪4个保护地管理站	70	316741.7	1. 生态移民搬迁散居性居民421人和聚居性居民980人；2. 通过征收44775亩土地，集体林地占比下降11.9%
南山国家公园	635.94	263.99	41.5	371.95	58.5	国家级风景名胜区、森林公园、自然保护区、湿地公园各具管理职责，机构和人员	南山国家公园体制试点区管理局、湖南省政府垂直管理，下设保护管理站、保护管理点等，赋予充分的执法权	180	37512.68	1. 已有招商项目的退出补偿800万元；2. 生态移民搬迁20户60人，共需720万元；3. 集体土地租赁权回收2.57万亩，补偿2100万元
北京长城国家公园	59.91	30.32	50.61	29.59	49.39	八达岭办事处、八达岭林场、八达岭旅游总公司、八达岭地质公园、延庆地质公园管理处5家机构管理职责、机构和人员	成立北京长城国家公园体制试点区管委会、政企分开、管办分离、整合管理与办事处职能，负责规划、建设和管理服务	462	31333	集体土地（包括耕地和林地）流转补偿费1000万元
香格里拉普达措国家公园	602.1	470.1	78.1	132.0	21.9	风景名胜区、自然保护区、林场、自然遗产、湿地各具职责、机构和人员	不做行政区划调整，组建国家公园管理局作为管理实体，不新增行政事业职能，负责实施规划、保护、制度、调查监督、行政处罚等	—	35560	生态移民搬迁、集体土地流转为国有土地费用2000万元
东北虎豹国家公园	14612	—	—	—	—	自然保护区等各类保护地的管理机构	东北虎豹国家公园管理局统一规划、保护和管理	—	—	实施生态搬迁移民

国家公园名称	总面积/km²	土地权属组成				管理机构整合			人员与运行成本		生态补偿事项
		国有土地		集体土地		整合前管理	整合后管理		编制数/人	成本/万元	
		面积/km²	占比/%	面积/km²	占比/%						
大熊猫国家公园	27134	—	—	—	—	自然保护区、地质公园等各类保护地的各具管理职责、机构和人员	大熊猫国家公园管理局，下设岷山片区、邛崃山片区、秦岭山片区、白水江片区四个分区管理处，负责实施统一管理、规划、监督、建设等		—	—	实施生态移民搬迁
三江源国家公园	123100	123100	100	0	0	分散在林业、国土、环保、水利、农牧等部门的管理职责、机构、人员	三江源国家公园管理局下设长江源（可可西里）、黄河源、澜沧江园区国家公园管理委员会和可可西里3个管理站，履行自然资源资产管理和国土空间用途管制职责		192	2138.4	牧民转岗就业、国有土地租赁权回收

注：1亩=1/15 hm²。

第 3 章　中国国家公园自然资源管理体制的架构设计与实施路径

3.1　国家公园自然资源统一管理的总体架构设计

3.1.1　国家公园自然资源统一管理的基本制度架构设计

按照《中共中央关于全面深化改革若干重大问题的决定》（2013 年 11 月 12 日中国共产党第十八届中央委员会第三次全体会议通过）、《中共中央 国务院关于加快推进生态文明建设的意见》（2015 年 4 月 25 日）、《生态文明体制改革总体方案》（中发〔2015〕25 号）、《建立国家公园体制总体方案》（2017 年）、十九大报告等文件精神，结合国家公园试点取得的成果，借鉴国外国家公园自然资源管理体制及其运行的经验，切实考虑国家公园自然资源综合复杂的特点和我国自然资源法律规定，国家公园自然资源统一管理的总体架构应该包括以下五项内容：

1. 建立有利于国家公园自然资源资产统一管理的产权体系

制定完善的自然资源资产产权法律体系，建立国家公园自然资源各项产权的权利清单制度，明确各类自然资源产权主体权利及其应尽的义务。树立山水林田湖是一个生命共同体的理念，按照生态系统的整体性、系统性及其内在规律，处理好国家公园各类自然资源或者自然资源综合体所有权与使用权的关系，创新自然资源全民所有权和集体所有权的实现形式，统合国家公园自然资源国家所有权与农村集体所有权（可以通过法律宣布国家公园与保护地的自然资源所有权归国家所有，原农民集体组织享有其原来集体土地的永久使用权）；或者是共有共享所有权，即通过法律宣布国家公园内的全部自然资源由国家和农民集体、林木所有权人共有，在自然资源所有权登记簿上的所有权人登记为国家和国家公园范围内的农民集体、林木所有权人。以这样两种方式形成有利于国家公园自然资源资产统一管理的单一国家所有或者国家与集体共有的所有权管理体系，在其下应该创设国家自然资源综合体游憩经营权、特许经营权和地役权。

2. 建立统一的国家公园自然资源确权登记系统

坚持资源公有、物权法定，清晰界定全部国土空间各类自然资源资产的产权主体的原则。建立统一的国家公园自然资源确权登记系统，对国家公园内的八大类自然资源统一进行确权登记，逐步划清全民所有和集体所有之间的边界，划清全民所有、不同层级政府行使所有权的边界，划清不同集体所有者的边界，推进确权登记法治化。

3. 建立国家公园自然资源资产统一管理体制

树立国家公园自然资源是一个生命共同体的理念，按照遵循生态系统的整体性、系统性及其内在规律，统筹考虑自然生态各要素、山上山下、地上地下、陆地海洋以及流域上下游，进行整体保护、系统修复、综合治理的思想（朱党生等，2017），一件事情由一个部门负责的原则，考虑国家公园自然资源是一个生命共同体，资源资产难以截然分开，资源环境价值远远大于资产价值，所有者和监管者不宜分开（分开管理会造成新的多头管理、碎片化管理局面）等特点，整合国家公园自然资源管理和全民所有自然资源资产所有者职责，组建针对国家公园内自然资源，特别是全民所有的八大类自然资源统一行使资源管理权和所有权的机构，负责国家自然资源综合体游憩经营权的出让等。

建立国家公园和其他保护地自然资源分别由国务院和省级人民政府行使所有权的体制。合理划分中央和地方事权，构建主体明确、责任清晰、相互配合的国家公园中央和地方协同管理机制。中央政府直接行使全民所有自然资源资产所有权的，地方政府根据需要配合国家公园管理机构做好生态保护工作。省级政府代理行使全民所有自然资源资产所有权的，中央政府要履行应有事权，加大指导和支持力度。国家公园所在地方政府行使辖区（包括国家公园）经济社会发展综合协调、公共服务、社会管理、市场监管等职责（引自《国家公园体制试点方案》）。

4. 建立国家公园国土空间用途管制制度

参照土地用途管制的法规和经验，国家在土地、森林、草原、湿地、水域、岸线、海洋和生态环境等调查标准基础上，制定调查评价标准，以全国土地调查成果、自然资源专项调查和地理国情普查成果为基础，按照统一调查时点和标准，确定国家公园和其他保护地的自然资源生态空间用途、权属和分布。按照保护需要和开发利用要求，将生态保护红线落实到国家公园和其他保护地的地块，明确用途，并通过自然资源统一确权登记予以明确，设定统一规范的标识标牌，划定并严守生态红线。国家对国家公园和其他保护地的生态空间依法实行区域准入和用途转用许可制度，严禁任意改变用途，严格控制各类开发利用活动对生态空间的占用和扰动，防止不合理开发建设活动对生态红线的破坏，确保依法保护的生态空间面积不减少，生态功能不降低，生态服务保障能力逐渐提高。建立覆盖国家公园和其他保护地的国土生态空间监测系统，动态监测国家公园和其他保护地的国土生态空间变化。

5. 建立国家公园自然资源管理责任追究制度

将分散在各部门的国家公园和其他保护地的自然资源管理和有关用途管制职责，统一到国家公园管理一个部门，统一行使国家公园和其他保护地的国土生态空间的用途管制职责。国家公园和其他保护地自然资源监管和生态用途空间管制体制，纳入全国自然资源和所有国土空间的用途管制统一监管体系，形成既尊重国家公园和其他保护地的自然资源管理特殊性，又符合建立全国自然资源和所有国土空间用途管制统一监管的改革目标。

建立国家公园和其他保护地自然资源资产负债表编制制度，制订自然资源资产负债表编制指南，构建八大类自然资源各类资源的资产和负债核算方法，建立实物量核算账户，明确分类标准和统计规范，定期核算评估国家公园和其他保护地自然资源资产变化状况并公布核算评估结果。

建立国家公园和其他保护地领导干部自然资源资产离任审计制度，对领导干部实行自然资源资产离任审计。在编制国家公园和其他保护地自然资源资产负债表和合理考虑客观自然因素的基础上，明确领导干部国家公园和其他保护地自然资源资产离任审计的目标、内容、方法和评价指标体系。以领导干部任期国家公园和其他保护地辖区自然资源资产变化状况为基础，通过审计，客观评价国家公园和其他保护地领导干部履行自然资源资产管理责任情况，依法界定领导干部应当承担的责任，加强审计结果运用。

建立国家公园和其他保护地自然资源和生态环境损害责任终身追究制度。实行国家公园和其他保护地管理局党委和领导成员生态文明建设一岗双责制。以国家公园和其他保护地自然资源资产离任审计结果和生态环境损害情况为依据，明确对国家公园和其他保护地管理局党委和管理局领导班子主要负责人、有关领导人员、部门负责人的追责情形和认定程序。区分情节轻重，对造成自然资源和生态环境损害的，予以诫勉、责令公开道歉、组织处理或党纪政纪处分，对构成犯罪的依法追究刑事责任。对领导干部离任后出现重大自然资源和生态环境损害并认定其需要承担责任的，实行终身追责。

3.1.2 国家公园自然资源统一管理的行政体制架构设计

1. 建立中国国家公园统一管理机构

国家公园自然资源统一管理的基础是明确中国国家公园管理机构及其职能定位。

中国国家公园统一管理的核心是建立中国国家公园管理总局（副部级），负责全国所有国家公园和保护地的自然资源、生态环境和相关文化遗产的保护和合理利用工作，负责在国家公园和保护地实施国家有关资源环境的法律和国务院及其自然资源统一管理部门、生态环境保护部门的法规政策，制定国家公园和保护地的自然资源、生态环境和相关文化遗产的保护和合理利用规章制度，监督管理所有国家公园和保护地的保护和合理利用工作，负责国家公园的行政管理与旅游等资源合理开发利用事务。中国国家公园管理总局是代表国务院对国家公园和各类保护地进行行政管理的机构。该局在业务上应作为独立的国家局，归属自然资源统一管理机构序列、生态环境管理机构序列或者归属经济社会资源环境综合管理的发改委序列统一领导。

中国国家公园管理总局除直接管理国务院确定的国家公园外，还应负责管理中国境内的世界级自然、文化遗产地，并代表国务院对全国所有国家公园和保护地履行指导、监督、协调职责。

各省级人民政府成立省级国家公园管理局，负责除国家公园外的各类保护地、国家公园试点区（正式批复后归中央政府国家公园管理部门来管理）和各类省级公园管理工作，接受中国国家公园管理总局的督查指导。

健全国家公园监管制度，加强国家公园空间用途管制，强化对国家公园生态保护等工作情况的监管。完善监测指标体系和技术体系，定期对国家公园开展监测。构建国家公园自然资源基础数据库及统计分析平台。加强对国家公园生态系统状况、环境质量变化、生态文明制度执行情况等方面的评价，建立第三方评估制度，对国家公园建设和管理进行科学评估。建立健全社会监督机制，建立举报制度和权益保障机制，保障社会公众的知情权、监督权，接受各种形式的监督（引自《国家公园体制试点方案》）。

2. 国家公园自然资源统一管理体制模式建议

（1）方案一——建立国家公园及其自然资源大一统监督管理体制（独立部门体制）。中国国家公园管理总局为国务院直接领导的部级单位。

中国国家公园管理总局、各省管理局、各公园管理局统一负责国家公园和保护地的公园行政事务、自然资源保护、自然资源资产保值增值、生态环境保护、自然资源统一调查登记、资源环境统一监测、国土生态空间用途管制、旅游管理等一切事务。

该方案的优点是集中统一管理，避免了多头管理、"九龙治水"的弊端。但是该方案缺点是把公园的自然资源与公园外的自然资源管理分别交由不同部门管理，违背自然资源统一管理的改革目标，而且公园管理部门对于自然资源的管理难免缺乏专业性，难以实现精细化、科学化。

（2）方案二——建立国家公园自然资源由中国国家公园管理总局与自然资源统一管理部门双重管理的体制（双重管理体制）。

中国国家公园管理总局、各省管理局、各公园管理局统一负责国家公园和保护地的公园行政事务、自然资源与生态环境保护、资源环境统一监测、旅游等资源合理开发利用等事务。该公园管理局归属国家林业部门或者环保部门领导序列，或者作为国务院领导的独立国家局。

国家公园及各类保护地的自然资源统一登记、自然资源管理、自然资源资产所有权管理等纳入自然资源统一管理体系，由自然资源统一管理部门主要负责。即在自然资源统一管理部门成立国家公园自然资源资产管理局，统一管理国家公园和保护地的自然资源、自然资源资产，负责开展公园内自然资源资产统一调查登记、国土生态空间用途管制等。

该方案的优点是实现了比较合理科学的集中统一管理，避免了多头管理、"九龙治水"的弊端，而且兼顾了自然资源统一管理体制改革的目标。但是该方案缺点是中国国家公园管理总局与自然资源统一管理部门的国家公园自然资源资产管理局可能会产生协调和衔接不畅的问题。

（3）方案三——建立归属自然资源管理部门的中国国家公园管理总局（公园与自然资源大一统统一管理体制）。

中国国家公园管理总局负责各类自然保护地（含国家公园）及其自然资源管理，但该局是自然资源统一管理部门序列的国家局，由国务院自然资源统一管理部门统一领导。

该方案兼顾了公园和各类保护地与自然资源统一管理的要求，可以彻底摆脱管理碎片化、部门分割、多头管理等弊端。但该方案的缺点是自然资源统一管理部门管理太多、责任过重、权力过于集中。

（4）方案四——建立综合部门管理的中国国家公园管理总局（综合部门序列国家局）。

中国国家公园管理总局负责各类自然保护地（含国家公园）及其自然资源管理，但该局是归发改委等综合管理部门序列领导的国家局，自然资源统一管理部门与生态环境保护部门配合发改委管理公园、各类保护地及其自然资源。

该方案可以摆脱管理碎片化、部门分割、多头管理等弊端。但该方案的缺点是把公园的自然资源与公园外的自然资源管理分别交由不同部门管理，违背自然资源统一管理的改革目标。

3. 国家公园自然资源统一管理体制构建路径选择分析

国家公园自然资源资产管理机构改革是自然资源管理体制改革的重要内容，而自然资源管理体制的改革涉及政府部门内部中自然资源管理行政权力的划分、政府机构的设置以及运行等各种关系和制度。为了对自然资源实行有效的管理，需要国家通过相关立法和制度化建设，建立起一套合理开发利用、充分尊重并保护国家公园自然资源生态功能的管理制度以及与之配套的管理机构，由此形成国家公园的自然资源管理体制。

考虑到国家公园在自然资源资产管理体制改革任务中的重要性与特殊性，具体来说，国家公园自然资源资产管理机构改革要解决的核心问题是：（1）自然资源立法应遵循怎样的体系，并将哪些资源纳入管理规范体系；（2）自然资源资产的监督管理者职权如何划分，开发利用者的权益如何落实；（3）哪些（范围）自然资源可以开发利用，以及开发利用的方式有何要求；（4）自然资源的开发利用和保护受怎样的规则制约，由谁来主导规则的适用与监督的落实；（5）开发利用者和监督管理者违反规则所产生的生态法律责任，以及责任追究制度等事项。本书将以钱江源国家公园为例，作以管窥。

（1）案例区概况

钱江源国家公园体制试点区位于浙、皖、赣三省交界处，东经 118°01′—118°37′，北纬 28°54′—29°30′，面积约 252 平方千米，辖属浙江省开化县，钱塘江源头区域，该区生态系统具有低海拔（海拔 260～800 米）、面积大（集中连片呈原始状态的阔叶林有 15.50 平方千米）、植被种类齐全（涵盖中亚热带常绿阔叶林、常绿落叶阔叶混交林、针

阔叶混交林、针叶林、亚高山湿地等 5 种类型）、垂直分布带明显等特征，是中国中东部地区生态环境的重要连接性节点区域、华南—华北植物的典型过渡带。如此低海拔山地且涵盖中亚热带完整的常绿阔叶林森林生态系统在全球罕见（案例来自《钱江源国家公园体制试点区试点实施方案》）。

园区有古田山国家级自然保护区、钱江源国家森林公园 2 个国家级保护地建制和钱江源省级风景名胜区 1 个省级保护地建制，3 个保护地空间范围交叉重叠，且涉及 4 个乡镇、19 个行政村和林业、环保、水利、国土、文旅、规划建设等多个行业监管部门以及 9744 名原住民。为理顺自然保护空间的管理体制，开化县政府曾提出"区政合一"生态治理理念，于 2014 年组建了衢州市委、市政府派出机构——开化国家公园党工委（管理局），分别与开化县委、县政府实行"两块牌子，一套班子"，统一调度和集中使用各类党政资源，同时设立党工委（管理局）办公室，办公室内设机构与县委办公室内设机构进行综合设置（案例来自《钱江源国家公园体制试点区试点实施方案》）。

开化县对"政区型国家公园体制"的探讨一定程度上缓解了保护管理上的职责交叉、权责脱节问题，属地管理不仅提高了生态治理的效能，也确实促成了县域范围内社会参与生态建设的良好局面，但其制度模式还存在以下问题：

一是将"权力分配—协调—实现"等职能下放到地方政府的国家公园管理机构组织模式，会使地方政府财政负担不断增加，更易滋生"纸上公园"。二是由县级政府主导建立的国家公园管理机构，面向生态系统科学保护与利用等专业化管理目标，难以拥有与国家公园相匹配的管理能力。三是通过属地管理提高保护地管理的强制执行力，不失为法律支持不完善情况下的一种理性选择，但行政区治辖边界并非国家公园的自然空间边界，属地管理反而会人为地割裂生态系统完整性，降低生态系统的全球代表性和重要性（张海霞等，2017）。

（2）路径选择

根据国家公园组织机构模式特征和浙江省高等级自然保护地管理格局，试点区管理机构在自然资源资产管理上适用于以下两种办法。

办法一：资源监管与资产管理完全分离，实行资源监管与资产管理的相对分离。在现行的自然资源部管理体制下，在中央政府设立相对独立（即有限分离）的国家公园自然资源资产管理局。将分散在国土资源、水利、农业、林业等机构的自然资源资产以及生态资产统一到国家公园进行管理，统一行使全民所有自然资源资产所有权人的职责，保护全民所有自然资源资产权益，推进资源有偿使用。

改革思路：如设置国家公园资产管理机构为具有综合统筹能力的机构（如国家公园管理局），那么钱江源国家公园体制试点区则适于组建基层管理机构——"钱江源国家公园管理局"，围绕目标管理职能设置资源保护处、资源利用处、资产管理处、综合办公室等内设部门。由国家公园最高权威机构作为权力分配部门，全面负责确权、登记、立法、规划、有偿使用等职能。

利弊分析：第一，在国土空间用途管制上。将所有国土空间用途管制的规划职能交由一个部门负责，符合一件事由一个部门管理的要求，而且机构基本不动，改革引起的震动相对较小。但是，由于相关部委（局）的一部分规划职能要抽出（这会涉及部门权力的调整），而"多规合一"的国土空间规划编制机制仍在探索之中，由此可能会引起一段时期内新旧体制转换脱节、接轨不顺的风险。不过，通过加强"多规合一"的试点，形成可复制、能推广的经验，这些风险是可以完全控制的。

第二，在协调资源管理职能整合上。该方案有利于重要资源在分类管理基础上实现集中管理、综合管理和专业管理。但是，传统的林、草管理职能要调整，改革会在传统的农业和林业部门引起一定的震动。不过，如果从自然资源及不动产统一确权登记改革着手，加强林地、草地管理创新，这些问题是可以顺利克服的。

第三，在自然资源管理体制创新层面。组建赋有统一管理职能的国家公园管理局，符合国际上自然资源普遍实行大部制改革的主流方向。但是这一方案需要重新调整现行资源管理部门的职能和职责，改革会在资源管理部门引起较大的震动，特别需要协调的是自然资源固体空间内的组织管理职能，必须从加强顶层设计、完善法规等方面着手，逐步解决这些难题。

办法二：实行资源监管与资产管理的相对分离，在自然资源部统一管理体制下，成立国家公园自然资源资产管理委员会。各国家公园所在地方政府参照设立国家公园自然资源资产管理委员会，成立地方性的国家公园自然资源资产管理机构，实行地方政府和国家公园自然资源资产管理委员会"双重领导"的垂直管理体制。资产管理机构主要负责监管园区自然资源资产的数量、价值、质量、范围和用途，落实自然资源资产所有权人的权益。

改革思路：维持现行国土资源管理架构不变，重点是将分散在国土、农业、林业部门中的土地管理职能整合到一个部门（国家公园自然资源资产管理委员会），实行土地、林地、草地等自然资源资产的集中统一管理。

就钱江源国家公园而言，如管理机构为国土资源行业管理机构（三部一委一局），组建钱江源国家公园管委会,围绕目标管理与保障职能,设置资源保护、自然资产管理、旅游利用、规划建设、科学研究、综合办公室等职能部门;管委会相对管理局需行使更多的基层管理职能,管委会成员应由地方政府、上级政府职能部门、公园原住民等代表构成,以保障决策的民主化;国家行业管理部门分别承担各自管理领域的权力职责。

利弊分析:对资源监管与资产管理实行相对有限分开管理,其机构调整和人员配备易于操作,但这种选择一时还很难彻底分清资源监管与资产管理的职能,很多工作还会停留在资源与资产混合管理的状态。而对资源监管与资产管理实行完全分开管理,虽然符合中央要求一件事由一个部门管的原则,但这种选择会涉及一大批机构职能的去留,影响范围更大。

3.2　自然资源有效管理体制

3.2.1　国家公园自然资源所有权管理体制

1. 建立有利于国家公园自然资源资产统一管理的所有权体系

(1)统合国家公园自然资源国家所有权与农村集体所有权为国家所有权

通过修订《宪法》有关条文,并制定国家公园自然资源管理法的形式宣布国家公园与保护地的自然资源所有权归国家所有,原农民集体组织及其成员享有其原来集体土地的永久使用权和承包经营权,其承包经营权可以继承、出租。即通过法律统合国家公园自然资源国家所有权与农村集体所有权为单一的国家所有权。对于原来的农民集体组织成员可以按照城市居民的标准建立社会保障体系。

(2)共享(共有)国家公园自然资源所有权

通过制定国家公园自然资源管理法宣布国家公园内的全部自然资源由国家和农民集体以及林木所有者共有,在自然资源所有权登记簿上的所有权人登记为国家和国家公园范围内的农民集体以及林木所有者,并载明原农民集体和林木所有者所占有的份额、四至范围和资源质量等级。国家与农民集体及其成员、林木所有者分享所有权收益或使用权出让收益。

2. 明确国家公园自然资源所有权行使主体

按照所有者、管理者和经营者分离的原则，进一步明确国家公园自然资源所有者具体代表。国家公园的全民所有自然资源资产所有权由中央政府直接行使，其他保护地的国有自然资源所有权委托省级政府代理行使。条件成熟时，逐步过渡到国家级保护地全民所有自然资源资产所有权由中央政府直接行使。特别重要的国家公园所有权由国务院指定一个主管部门代表行使（即在国务院设立国家公园管理部门）。

3.2.2　创设国家公园自然资源综合体的新型使用权

创设国家公园等保护地自然资源综合体的新型使用权——游憩经营权、特许经营权和国家公园自然资源综合体地役权。在统合国家公园自然资源综合体国家所有权与农民集体所有权后形成的单一国家所有权，或者国家公园内国家和农民集体共有自然资源综合体所有权之下，梳理改造现有的经营权、特许经营权等，创设国家自然资源综合体游憩经营权、特许经营权和国家公园自然资源综合体地役权。

3.3　自然资源统一确权登记管理体制

2013 年中共十八届三中全会通过的《中共中央关于全面深化改革若干重大问题的决定》第十四部分内容明确提出了"加快生态文明体制建设"，这是建设生态文明的制度保障体系，包括四个方面内容：健全自然资源资产产权制度、划定生态保护红线、实行资源有偿使用制度和生态补偿制度、改革生态环境保护管理体制。2015 年中共中央、国务院印发的《生态文明体制改革总体方案》第一部分内容就提出了"健全自然资源资产产权制度"，这是生态文明体制建设的基本核心制度，包括五个方面的内容：建立统一的确权登记系统、建立权责明确的自然资源产权体系、健全国家自然资源资产管理体制、探索建立分级行使所有权的体制、开展水流和湿地产权确权试点。自然资源确权登记管理体制在生态文明建设中所处的位置如图 3-1 所示，生态文明体制建设是建设生态文明的制度保障体系，健全自然资源资产产权制度是生态文明体制建设的基本核心制度，建立统一的自然资源确权登记系统则是健全自然资源资产产权制度的基本核心制度，由此可知自然资源统一确权登记管理体制是我国生态文明建设极为重要的基础核心制度。

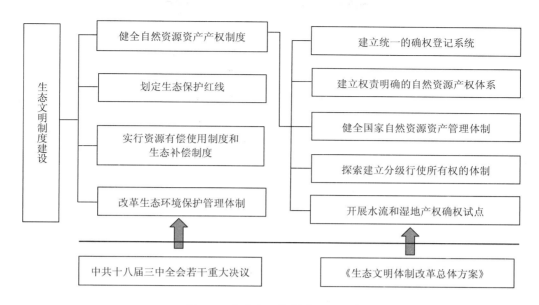

图 3-1 生态文明体制建设的组成

国家建立自然资源统一确权登记制度，自然资源确权登记应坚持资源公有、物权法定和统一确权登记的原则。自然资源确权登记以不动产登记为基础，已经纳入《不动产登记暂行条例》的不动产权利，按照不动产登记的有关规定办理，不再重复登记。自然资源确权登记涉及调整或限制已登记的不动产权利的，应当符合法律法规规定，并依法及时记载于不动产登记簿（《自然资源统一确权登记办法（试行）》）。

按照建立系统完整的生态文明制度体系的要求，在不动产登记的基础上，逐步实现对水流、森林、山岭、草原、荒地、滩涂以及探明储量的矿产资源等自然资源的所有权统一进行确权登记，清晰界定全部国土空间各类自然资源资产的所有权主体，划清全民所有和集体所有之间的边界（《自然资源统一确权登记办法（试行）》），明确国家不同类型自然资源的权利和保护范围，推进确权登记法治化，推动建立归属清晰、权责明确、监管有效的自然资源资产产权制度。

国务院国土资源主管部门负责指导、监督全国自然资源统一确权登记工作。省级以上人民政府负责自然资源统一确权登记工作，各级不动产登记机构具体负责自然资源登记。自然资源确权登记由自然资源所在地的县级以上不动产登记机构办理。跨行政区域的自然资源确权登记，由共同的上一级人民政府登记主管部门指定办理。国务院确定的重点国有林区权属登记按照不动产登记的有关规定办理（《自然资源统一确权登记办法（试行）》）。

3.4　生态空间用途统一管制体制

国家公园国土空间实行用途管制，坚持生态保护优先、分区分级管控的原则，与自然生态空间用途管制制度、生态保护红线制度和自然资源管理体制改革要求相衔接。

国务院国土资源部门和发改委负责全国国家公园和各类保护地的国土空间用途管制工作。环境保护、城乡规划、水利、农业、林业、海洋等部门，依据有关法律法规，在各自职责范围内对国家公园国土空间进行管理，落实国土用途管制的要求。

国家公园和各类保护地的管理机构受国务院或省级人民政府委托，统一行使和履行某一具体国家公园或者保护地的国土空间用途管制职责。

国家公园管理机构在系统开展国家公园自然资源调查评价和国土空间开发适宜性评价基础上，根据生态保护红线划定范围，组织编制国家公园空间规划，报国务院审批通过后作为国家公园空间用途管制的依据。

国家对国家公园国土空间依法实行区域准入和用途转用制度，严格控制各类活动对国家公园国土空间的占用和扰动，确保依法保护的国家公园国土空间生态功能不降低、生态服务保障能力逐渐提高。

保护重要自然生态系统的完整性和原真性是国家公园的首要功能，同时国家公园兼具科研、教育、游憩等综合功能。依据保护对象的敏感度、濒危度、分布特征，结合生态保护与开发现状，以及居民生产、生活与社会发展需要，对国家公园实行分区管理，划分为严格保护区、生态保育区、公园游憩区和传统利用区（各区称谓或有不同）。国家公园可根据实际情况，统一进行布局和增减功能分区，对不同国家公园统一设定实行差别化保护和管理。国家公园根据功能分区和土地用途管制特点，分三级管控，详细内容见 6.3.2 节。

第4章 中国国家公园自然资源统一确权登记 具体办法

4.1 国内发展现状及存在的问题

4.1.1 国内发展现状

2015 年 3 月国务院开始实施《不动产登记暂行条例》和《不动产登记暂行条例实施细则》，标志着我国开始实行不动产（土地、海域以及房屋、林木等定着物）统一登记制度，但该登记制度的建立需要一个试验示范和不断完善的过程。2015 年 4 月国土资源部办公厅印发《国土资源部不动产登记中心（国土资源部法律事务中心）"三定"方案》，标志着国家层面组建了不动产登记管理机构。截至 2016 年 1 月，全国 335 个市（地、州、盟）、2789 个县（市、区、旗）完成不动产登记职责机构整合，占比分别达到 100%和 98%。在城市国有建设用地及其房屋不动产确权登记方面，2016 年要完成不动产统一登记制度在基层落地，实现年底前所有市县颁发新证、停发旧证，2017 年实现登记机构、登记簿证、登记依据和信息平台"四统一"。在集体建设用地和宅基地使用权确权发证方面，根据 2014 年 8 月国土资源部、财政部、住房和城乡建设部、农业部、国家林业局五部委联合发布的《关于进一步加快推进宅基地和集体建设用地使用权确权登记发证工作的通知》的要求，农村房地一体的宅基地和集体建设用地确权登记工作正处于试点阶段，并取得了部分成果。

2016 年 12 月国土资源部、中央编办、财政部等联合印发《自然资源统一确权登记办法（试行）》，同时一并印发《自然资源统一确权登记试点方案》，该登记办法对自然资源登记簿、登记一般程序、国家公园、自然保护区、湿地、水流等特定自然资源登记、登记信息管理与应用等进行了详细规定。试点方案规定的试点工作时间为 2016 年 12 月到 2018 年 2 月底，2018 年上半年前对试点进行评估总结。试点任务主要包括自然资源登记范围、自然资源资产权利体系、代表性自然资源登记工作、自然资源登记信息的管理与应用；主要目标是通过登记试点工作探索存在的难点和问题、总结经验并完善登记办法。国家公园自然资源统一确权登记与全国同步，正处于试点起步阶段。青海三江源等国家公园试点为国家公园自然资源统一确权登记的试点区。

4.1.2　存在的问题

（1）自然资源统一确权登记难度大。山水林田湖草是一个生命共同体，具有整体性、系统性等特点。现行自然资源管理体系将土地、矿产、水流、森林、草原等自然资源分别委托不同的部门进行管理，由各部门负责其管理资源的调查统计、登记归档、建立监测体系和信息系统，而且各部门采取的分类方法、调查统计时点、单元划分和技术手段差异都很大，整合这些信息难度很大，这无疑造成自然资源统一确权登记的工作难度。

（2）现有自然资源分割管理体制不利于自然资源统一确权登记。自然资源之间往往是密切联系、有机统一的整体，对某一资源的登记可能需要考虑与其他资源的区别，如界线在哪里、范围是哪一块、单元划分是否合适、是否有重叠等。目前我国自然资源按照资源要素分别由国土、水利、农业、林业等部门管理，在部门保护主义的驱动下，往往强调自然资源登记对本部门的利益最大化，而这同时也影响了在登记过程中如何避免与其他部门管辖资源的重叠、多登记、漏登记等问题。此外，各部门之间、中央与地方之间自然资源资产管理权责界限不清晰导致自然资源登记长期处于混乱、无序局面，自然资源资产的管理权、使用权、所有权不清晰使得自然资源登记权属和范围难以遵循科学、合理的自然资源分类，因此要实现自然资源统一确权登记首先要打破部门之间的"保护主义"壁垒。

（3）自然资源统一确权登记国内外没有成熟的经验可以借鉴，理论和实践都处于摸索阶段。对八大类自然资源进行统一确权登记在中国是史无前例的，其他国家也没有推行过这样的制度。

4.2　国外主要经验

4.2.1　美国的主要经验

1. 美国国家公园自然资源产权登记

美国 1916 年通过的《国家公园管理局组织法》规定"保存（国家公园的）风景、自然、历史遗迹和野生生物并且将它们以一种能不受损害地传给后代的方式提供给人们来欣赏""国家公园是联邦政府专为国民公共福利需要而保留（免受开垦）的土地，国家公园内不得从事营利性开发，不得砍伐猎捕，不得引进外来物种"；以上规定清晰地反映了国家公园"为公众利益而设"，产权为联邦政府所有，产品形态应属于公共产品，而公益性是其最基本的属性。

根据美国《联邦土地政策和管理法》，美国实行公私兼有的多元化土地所有制，土地资源分属联邦政府、州政府、私人和公益机构。土地所有权分为地下资源权（含地下资源开采权）、地表权和地上空间权（含建筑物的容积率以及在容积率范围内设定的空间使用权）。土地所有权和使用权可以依法通过买卖、租赁等有偿方式取得。美国法律规定政府拥有征用土地优先权。美国内政部代表联邦负责管理部分联邦的土地及其地下矿产资源并行使所有权，如国家公园、国家纪念物、历史古迹、自然保护区等。美国联邦政府拥有其所有的土地及其地下矿产资源、水资源的出售、租赁的收入。

综上所述，对于美国国家公园自然资源产权登记的讨论，主要集中在土地资源权属的处理方式和处理过程上。

为保证国家公园的公益性质，美国国家公园自然资源权属采取预先严格审查的处理方式。为了保障进入国家公园体系的区域必须具备最优越的资源条件，对于将某些区域纳入国家公园体系的申请或者提案，国家公园管理局将根据国家公园的资源入选标准，对其进行严格的调查评估、审核和筛选。对于将某一区域拟纳入已有的国家公园范围内或者拟在某个区域建立新的国家公园申报或者提案，国家公园管理局主要审查的是资源权属，而且主要集中在土地所有权问题的处理上。美国国家公园的土地所有权大部分为联邦政府所有。这是因为，在设立国家公园动议之初，便将土地所有权作为是否设立公园的重要考量依据。为避免国家公园建立以后因土地产权问题影响实际管理效果，在进行国家公园可行性论证时，拟划入公园范围的土地所有权状况是必须进行调查和论证的。如果该拟建立的国家公园范围的土地所有权问题比较容易解决，如土地所有权人愿意将土地转让给联邦政府，国家公园管理局更乐意将联邦拥有所有权或者能够取得所有权的土地纳入国家公园管理体系。

（1）土地资源所有权——征收

美国国家公园管理局以征收（acquisition）作为掌握国家公园内非联邦所有土地所有权的最佳方案，以实现该区域范围内自然资源和文化资源等的有效管理。国家公园管理局根据相关部门颁布的土地交易和评估政策，向国会申请开展征收事宜，经国会同意征收程序才可以启动。

征收程序为：a. 预先通告；b. 政府方对征收土地进行评估，依据《联邦土地征收统一评估标准》（*Uniform Appraisal Standards for Federal Land Acquisition*），以市场价格评估被征收土地，以"最高且最佳用途"为考量标准制订土地征收价格；c. 向被征收方送交评估报告并提出补偿价金的第一次要约，被征收方可以提出反要约（counter-offer）；d. 召开公开听证会（public hearing），说明征收的必要性和合理性，如果被征收方对政府征收提出质疑或者反对，可提出司法诉讼，迫使政府放弃征收行为；e. 如果政府和被征收方在补偿数额上无法达成协议，通常由政府将案件送交法院处理。为了不影响公共利益，政府预先向法庭支付一笔适当数额的补偿金作为定金，并请求法庭在最终判决之前提前取得被征收土地。除非所有人可以举证说明该定金数额过低，否则法庭将维持定金数额；f. 法庭要求双方分别聘请的独立资产评估师提出评估报告并当庭交换；g. 双方最后一次进行补偿金协商；h. 未达成一致的将由普通公民组成的民事陪审团确定"合理的补偿金额"；i. 判决生效后，政府在30天内支付补偿金并取得征收的土地（徐荣海，2016）。

（2）土地资源使用权——保护地役权转移

美国国家公园土地所有权取得过程中，存在所有权人拒绝将土地财产转让给国家公园管理局的情况，这种情况下，只能尊重所有权人的意愿，用合作协议的方式对未取得所有权的预划入国家公园的土地资源进行保护监督。同时，通过土地发展权转移，将此土地进行非农开发的权利通过市场机制转移到另一块土地上，使该地所有权人因设立国家公园而受限制的权利得到补偿。运作方式是：某地块上如非农业开发之类的权利可以从该块地上（权利发送区）分离出来，并被有偿转移到另一块地上（权利接受区），权利接受区可以获得比原土地利用规划中确定强度更高的开发强度。通过这一方式，土地仍归原所有权人所有，但其开发利用受到了限制。

2. 美国其他自然资源登记

（1）国家森林资源清查

美国国土总面积 937 万平方千米，森林资源十分丰富，主要分布在东部地区，公有森林面积占 42.5%，私有森林面积占 57.5%。森林的分布、权属状况和社会制度在很大程度上决定着其经营和管理体制的特点，同时也决定了美国国家级森林资源清查的内容及框架。

美国的森林资源清查与分析（Forest Inventory and Analysis，FIA）已有 70 多年的历史。自 1928 年以来，分别于 1953 年、1963 年、1970 年、1977 年、1987 年、1992 年、1997 年和 2002 年公布过 8 次全国的森林资源清查与分析数据。FIA 是以州为单位逐个开展森林资源清查，经历了最初以森林面积和木材蓄积为主的单项监测到多资源监测、再到森林资源与健康监测三个发展阶段。1928 年美国颁布的《麦克斯威尼—麦克纳瑞森林研究条例》，授权农业部开展全国森林资源清查。到 20 世纪 60 年代，美国本土 48 个州都已经完成了森林资源清查。这一期间森林资源调查的重点是木材，多数州清查成果主要是森林面积和木材蓄积数据。随着人们对资源内涵认识的提高和社会需求的增加，20 世纪 60 年代和 70 年代，森林资源清查的对象发生了较大的变化，以《森林与牧草地可更新资源规划条例》（1974 年）和《森林与牧草地可更新资源研究条例》（1978 年）的颁布和实施为标志，森林资源清查的对象由以森林面积和木材蓄积为主的单项监测转为多资源监测。随着公众对污染、虫害、病害、火灾和其他灾害对森林健康影响关注程度的日益提高，美国农业部林务局依据《森林生态系统与大气污染研究条例》（1988 年），拓展森林资源清查与分析领域。从 1990 年新英格兰州试点开始，逐步建立覆盖全国的森林健康监测体系（Forest Health Monitoring，FHM）。目前，正在按照 1998 年美国颁布的《农业研究推广与教育改革条例》规定，建立综合 FIA 和 FHM 的森林资源清查与监测体系（Forest Inventory and Monitoring，FIM）。

森林健康监测由美国农业部林务局统一负责和组织，所属的 5 个林业研究站（即东北研究站、中北研究站、南方研究站、落基山研究站、太平洋西北研究站），按区域分片具体负责全国范围的资源清查、分析和清查结果报告。2003 年开始全国推行，共同完成对森林资源与森林健康的监测。

抽样总体覆盖全美的陆地范围，根据需要可以划分为估计单位（总体）。总体以下根据需要可以打破县级区划划分副总体。森林健康监测采用统一的核心调查因子、标准、定义，按三阶抽样设计布设样地，每个州每年调查 1/5 的固定样地取代原来每年调查若干个州的固定样地。主要调查内容包括：二阶样地调查因子，约 300 项（土地利用、林分状况和立地、每木调查、生长、枯损和采伐等）；三阶样地调查因子（树冠调查、土壤调查、土壤侵蚀调查、地衣群落调查、林下植被调查、臭氧生物指标调查和枯枝落叶调查等）（肖兴威，2005）。

应用技术包括遥感（RS）技术和地理信息系统（GIS）技术等。犹他州盐湖城的遥感应用中心和地理空间服务与技术中心为农业部林务局各单位在应用最先进的地理空间技术改进自然资源监测和制图方面，提供国家级的技术支持和服务，监测成果报告包括 3 类（肖兴威，2005）：a. 年度报告，每年清查工作完成后，森林健康监测项目为各州提供年度清查数据资料及简要分析报告；b. 定期报告，每 5 年为各州提供一份完整的分析报告，平均 1 年提供 10 个州报告；c. 国家级报告和国际报告，每 5 年为《资源规划条例》（RPA）提供全国性评价报告，还为"森林可持续经营的标准和指标"（蒙特利尔进程）工作组等国际组织和大会提供美国森林资源的基本数据。

美国新的森林资源清查体系表现出以下几个特点：a. 全国采用统一的系统抽样法进行三阶抽样设计，每个州每年调查 20%的固定样地。b. 建立了森林资源与森林健康状况综合调查与监测体系。c. 组织机构健全完善，全国由专门的机构统一负责，由 5 个研究站按区域分片具体负责、具体实施，分工合理，职责明确。d. 经费有保障，建立了法定经费投入机制。各部门先按方案和目标进行预算，联邦政府根据全国财政状况与预算方案下拨专项经费。e. 应用 RS、GIS 等高新技术提高监测效率和成果质量。

（2）土地登记制度

美国的土地有三种所有制形式，即私人所有、州政府所有和联邦政府所有。其中私人土地占 58%，主要分布在东部、中部地区；联邦政府土地占 32%，主要分布在西部地区；州政府土地占 10%。由土地局管辖的占全国土地的 12%，由林业局管辖的占 6.7%，由国家公园管理局管辖的占 3.9%，由渔业局管辖的占 3.5%，其余为其他公有地（如军用地等）。此外，联邦土地管理局还管理全部的地下矿藏资源。

美国把土地所有权分为三部分：一是地下权，包括地下资源开采权；二是地上权；三是空间权，包括建筑物加层发展和近空通过权。这三部分权利可以分别转让。一般情况下，政府对私人土地如何利用不加干预，联邦政府对私人土地买卖也不加干预。凡法律承认的私人土地，在县政府都有登记，土地所有者出卖土地所有权时，通过变更登记即可使权属实现转移。政府对私人土地的管理，主要是登记收费和规划引导。

1812 年，美国依据《议会法》在财政部内部设立了土地总局（GLO）。1946 年，牧草局和土地总局合并形成了土地管理局（BLM），隶属于内政部。1976 年，国会颁布《联邦土地政策和管理法案》（FLPMA），土地管理局开始有了一部统一、权威的法令。

a. 登记制度的产生

美国的第一部登记法于 1640 年诞生于马萨诸塞殖民地。这以后，所有的州都通过了这样的法律，但各州之间有一些重要的差异。这些法律要求对不动产所有权的转移、不动产的抵押、抵押品的转让、抵押契约的清偿和置留物的归还等都必须进行登记。登记的目的主要是防止欺诈和以官方权威的公示方法来保护所有权。

许多州都有一个土地登记系统，这个系统实际上是一个服务性的政府机构。

b. 记录员的出现

在美国大部分地区，记录员属县政府雇员，但新英格兰地区是个例外，每个市或镇（镇区）都有自己的记录员。记录员是政府官员，其最主要的职责是登记和土地转让有关的文件。此外，记录员还要登记和归档其他文件，如法院判决、汽车留置、出生与死亡等。记录员登记大量资料，其服务对象不仅是土地所有权查询人，还有与规划、税收、土地利用控制等有关的人士。

在普利茅斯和马萨诸塞殖民地，载明授予私人的土地让渡证书和最原始的土地所有权文件都被登记在镇或殖民地的记录簿中。1634 年，马萨诸塞殖民地的地方法院通过法令要求测量所有的土地和镇区房屋。这次测量的微型地籍簿由镇和殖民地政府保存。马萨诸塞殖民地地方法院分别于 1643 年和 1650 年颁布法律，将登记职能从殖民地级别的地方法院移交给县法院，自此县法院书记员成为所有土地转让登记的官方登记员。今天在美国绝大部分地区县级登记仍然是普遍做法。

c. 托伦斯登记制度

现在美国大约有超过三分之二的州采用了所有权登记制度，纽约等 11 个州施行的是托伦斯登记制度。托伦斯登记制度的首要原则是登记土地所有权证书本身，这不同于土地所有权登记制度，其登记的是土地所有权的凭证。

托伦斯登记制度主要用于三个目的：一是通过法院认定土地所有权的归属人；二是建立土地索引系统；三是使公共记录具有结论性。

托伦斯登记制度在三个方面表现出比土地所有权登记制度更加有效率：一是被登记

的所有权证书总是最近的；二是被登记的所有权证书完全安全可靠；三是该制度本身并不涉及大量的材料，因为一旦注册新的所有权证书，先前登记或注册的所有文件都被消除或删除。当然托伦斯登记制度也有其不好的地方，主要是很高的初始登记费用（李晓妹，2003）。

（3）矿产资源登记

美国是全球矿产资源生产、消费和贸易大国之一。美国矿产资源丰富，矿种数量多，储量大，地理分布广泛，但不均匀，固体矿产中金属矿产主要分布在西部地区，中部和东部较少，而非金属矿产则在东部、中部、西部各州均有分布。

美国 1872 年颁布实施的《矿业法》是其矿业制度的基石。按照美国的相关法律，地下矿产资源一般与其上的土地一起归属于土地所有者。目前，美国联邦政府拥有 283 万平方千米的土地及其地下的矿产资源所有权，州拥有 141 万平方千米的土地及其地下的矿产资源所有权，印第安部落拥有 36 万平方千米的土地及其地下的矿产资源所有权，私人拥有 470 万平方千米的土地及其地下的矿产资源所有权。联邦政府所有的土地及其矿产资源主要分布在美国西部。在美国东部，大部分的土地及其地下的矿产资源属于私人所有。此外，国家森林、国家公园、野生动物保护区，阿拉斯加州的大部分地区，美国海岸线以外 3～10 英里①延伸到 200 英里以上的海上大陆架等处的矿产资源属联邦政府所有。海岸线 3～10 英里以内，以及河流范围的矿产资源等属州政府所有。联邦政府、州政府和私人分别对属于其土地上的矿产开发进行管理，管理边界和权限都很明确。

联邦政府主要负责制定矿产战略、确立竞争规则和维护资源的可持续开发，为本国矿产业提供经济、技术和制度上的管理框架，并负责联邦所有土地内矿产资源的勘查、开发。在联邦政府层面，内政部、能源部、贸易开发署、进出口银行、商务部、农业部、环境保护局、国家科学基金、国防部等多个政府部门负责联邦资源的矿产管理。

州政府负责州所有土地和私人所有土地内矿产资源的勘查和开发。各州均成立了矿业部（或矿业能源部、矿产资源部、自然资源部等），管理其矿业权和征收相关税费，在州一级没有能源管理部门。

私营企业通过参加政府公开招标租售程序获得矿产开发和生产权，政府不直接干预私营企业的生产和经营。在州属和私人土地上进行矿产勘探开发活动时，由各州立法并进行管理（李燕花，2006；刘尚希，2012）。

---

① 1 英里=1.609344 千米。

（4）美国水权管理

美国的水权配置主要遵循河岸主义（riparian doctrine）、占用主义（appropriation doctrine）等来进行。河岸主义指的是毗邻河流的土地所有权人自然而然地拥有水权，但这个水权不能转让。占用主义核心原则有三个：一是先占先得（first in time, first in right）；二是善意使用（beneficial use），即水的使用不能损害别人的利益；三是不用即失（use it or lose it），即水权不可保留一段时间后再使用。

美国的地表水权。美国地表水权要通过法律取得认可。美国水权遵守的法律包括联邦法律或者州法律。美国西部干旱地区采用的是先占先得所有权制度。美国东部湿润的31 个州采用的则是河岸水权制度。河岸水权制度指河岸边的土地所有者对河水具有使用权，并且这种权力并不因为暂时不取水而丧失。先占先得就意味着优先使用河流水资源就优先获得该水权。美国地表水优先占有权需要通过申请获得。地表水优先占有权遵循"时间优先，权力优先"的规则。美国法律规定地表水优先占有权在一定时间内（5 年）不用水，优先占有权即丧失。美国由法院裁决确定的水权高于河岸水权和优先占有权。目前，美国越来越多的州要么采用河岸水权，要么采用优先占有水权制度。

美国的地下水权。美国的私人土地所有者拥有其土地范围内地下水的水权，即美国地下水权附属于土地所有权。由于这种水权配置制度无法解决水污染和地下水超采问题，美国现行法律对其附加了一些限制条款，如要求水权所有者合理地开发利用地下水，不能出现超采；私人土地所有者要按拥有土地比例规定抽取地下水，而且不能影响其他人的用水需求等。美国法律规定非私人领地的地下水属公有。

美国的法定水权制度促成了水权交易市场的形成。拥有优先用水权者可以向随后需要用水者出售用水权，河岸水权者可以向其他需要用水者出售用水权，从而实现水资源从边际收益低的使用者向边际收益高的使用者配置，经济效率得以提高。美国的水权既可以长期转让，也可以暂时转让，或者水权拥有者将自己不需要的水进行转让。美国水权的出售和转让完全是在自由市场经济条件下自愿进行的。亚利桑那州颁布法律规定，如果城市要使用或购买农村地下用水，必须交纳"地下水经济发展基金"。

美国的水交易市场可以跨州运行，美国的水权制度催生了许多互助性的灌溉公司，这些公司向需要灌溉的农户发行股票，运用这些筹集到的资金购买引水权和建造引水工程。

在美国加利福尼亚州还成立了世界上首家水银行。它的主要作用是在州的水权范围内利用水市场机制，组织水权持有人和水买主之间的交易，实现水资源在州内短期的重新分配。水银行从农民和其他自愿卖水者那里取得水权，然后按照水权合同的规定，将水输送到买水方所在地。据悉，每年通过这家水银行成交的水量在 10 亿立方米左右，有效地促进了水资源的合理流通。现在美国还出现利用互联网进行水权交易，水权的买卖双方都可以到水权市场网站进行登记，从而在网上完成水权交易，使水权得到重新分配（姜伟，2006）。

美国各州建立了水资源管理委员会，由该委员会负责进行独立的水文调查，建立申请水使用权的记录。美国法律规定在最小流量期，应优先保护渔业用水和其他生态用水。只有未被占用的、可以利用的水才能被申请利用。

1914 年以后，美国法律规定任何人要想直接从地表河流取水使用或贮存水以备后用，都必须向水资源管理委员会提出申请，以便获得未被占用水的使用权。水资源管理委员会接到申请后，将把申请公布于众，如果没有引起抗议，就进行听证或调查，确定该申请不会对公众和环境造成不良的影响，申请得以批准，并颁发许可证，许可证会规定申请水权完成和有益用水的合理时间。

4.2.2　加拿大的主要经验

1. 加拿大国家公园确权

（1）确认

国家公园确认是国家公园所有管理事项中首先应解决的问题，也是国家公园确权的基础。加拿大国家公园的确认概括起来包括五个阶段：a. 由国家公园管理局、地方政府和对此感兴趣的公众共同参与，把具有丰富的自然地理要素、生物资源和地貌类型且没有人为改变或改变很小的区域确认为"典型自然景观区域"；b. 从中选择潜在的国家公园；c. 评估国家公园的可行性；d. 加拿大政府与原住民土地管理机构协商签订国家公园协议，明确各项权属；e. 以法律形式确认国家公园。

在此过程中，国家公园管理局在向公众推出设立潜在国家公园"自然区域"清单的同时，会终止这些区域的资源勘探、开采和开发活动。如果国家公园区域内有省公有土地，联邦政府与省政府需签订协议，明确规定对第三方利益的索取权，以及对省公有土地向联邦公有土地的管理控制转移权。在国家公园正式确认前，商业开发或自然资源开发活动会被终止，但在国家公园指定区域，对某些自然资源的传统生计利用是被允许的。现存的原住民权利和原有合同权利，需在协议中得以体现。对于涉及这些原住民权利和现有合同权利，或复杂的原住民土地索取权的，国家公园确认条款必须包括继续开展可再生资源获取活动、原住民参与国家公园规划与管理等方面的规定。此外，如果原住民的生存长期以来都依赖于土地及其自然资源，且短期内找不到可替代的资源，原住民继续获取特定生存资源的活动权利可以通过协议的方式在一定时期内得以保留，但这种权利必须受到严格管理。如果国家公园涉及原住民的住宅用地，原住民的土地收益权会依据土地权条款列入国家公园法案中，在国家公园法案修改前，这部分区域被作为"国家公园保护区"，原住民的捕猎、钓鱼等权利被继续保留。通常情况下，当把区域内的所有权和管辖权从地方政府或私人收归国有之后，完成国家公园法修改，该区才正式成为国家公园。

（2）产权权属

a. 所有权

加拿大的土地所有权主要有联邦所有、各省公有、私人所有 3 种形式，实行土地所有权、处置权和管理权基本一致的土地管理体制。

——联邦所有

根据现行加拿大国家公园管理规章和政策，当把区域内的所有权和管辖权全部收归国有之后，该区才可正式成为国家公园。加拿大皇室拥有国家公园法定边界内的土地及地下空间及资源的权利。目前加拿大现有国家公园 46 个，公园法定边界内的土地基本都实现了国有化。这些国家公园主要采用强行搬迁和购买土地的方式建立的。

——省所有

根据加拿大国家公园法案，如果确信省属土地的所有权人同意该土地用于建设国家公园，则该所有权的土地范围也可列入国家公园。例如，布鲁斯半岛国家公园内，虽然有部分公有土地产权属于安大略省自然资源厅，但这部分土地的管理权归由国家公园，安大略省自然资源厅对布鲁斯半岛国家公园仅行使行政监督权。

——私人所有

根据 2005 年的统计数据，布鲁斯半岛（Bruce Peninsula）国家公园和大草原（Grassland）国家公园是加拿大当时仅有的两个法定边界内仍然有私人土地的国家公园。这两个国家公园的建立思想与以往不同，是经过各方努力通过市场运作逐渐实现公园内土地的国有化。

以布鲁斯半岛国家公园为例。其拥有 156.19 平方千米的面积，土地属性见表 4-1。私人土地由 1997 年的约 40%下降到 2005 年的 21.52%。国家公园内共有两个政治力量群体对范围内的资源有处置权，一个是代表加拿大联邦政府国家公园管理局的布鲁斯半岛国家公园管理机构，另一个是公园范围内的私人土地所有者。

表 4-1　布鲁斯半岛国家公园的土地属性（黄向，2007）

项　目	2003 年		2005 年	
	面积/km²	比例/%	面积/km²	比例/%
布鲁斯半岛国家公园总面积	156.19	100	156.19	100
联邦土地面积	57.37	36.73	58.28	37.31
省土地面积	50.26	32.18	50.26	32.18
私人土地面积	34.52	22.10	33.61	21.52
水体面积	10.7	6.85	10.70	6.85
道路系统的面积	3.34	2.14	3.34	2.14

根据加拿大环境部和安大略省自然资源厅的协议，对布鲁斯半岛国家公园内私人财产的保障包括：

（a）保障私人土地上的资源所有权。布鲁斯半岛国家公园无权控制公园内或公园外的私人财产（包括土地）；

（b）保障使用权。保证传统的私人财产或相应的替代方式。在需要的情况下，可以和独立的私人拥有者个体签订正式合约；

（c）联邦政府在任何时候都不能以国家公园的存在而要求省政府禁止打猎，也不能在国家公园内或国家公园外的私人土地范围内做出此要求。

因此，在国家公园内的私人土地上伐木、打猎都是被允许的，国家公园管理机构无法使用行政权力禁止这些活动。由于国家公园内的私人土地所有权人完全拥有土地的产权，外人和政府基本无权干涉他们的行为，其处置公园资源的行为难以被监督，除非严重违法。针对这种情况，现有的对私人土地所有权人的资源处置权的规制管理主要有三种途径：

（a）公园管理方通过公益宣传的方式对私人土地所有权人开展生态教育，使他们认识到生态完整性的重要性；

（b）再次通过收购私人土地实现公园管理方对公园资源处置权的控制。

国家公园的旅游开发很容易诱使私人土地所有权人增加自有土地上的资源使用强度。在法律框架下，公园管理机构在私人土地上仍然没有资源处置的主动权，不能从根本上防止资源破坏的发生，因此，收购私人土地是终极的解决方案。

加拿大国家公园收购私人土地主要有三种方式：

一是国家公园管理局制订针对性的土地收购计划，通过募集联邦资金、其他政府资金和私人捐赠资金收购私人土地。收购完全按照土地市场交易的规则进行。

二是以加拿大自然保护协会等为代表的非政府组织通过与私人土地所有权人建立相互信任的关系（根据加拿大国家公园管理局的调查显示，部分私人土地的所有权人不相信国家公园管理者），由其出面收购私人土地，再转让给国家公园管理局或交由公园管理方。2002 年，布鲁斯半岛国家公园通过加拿大自然保护协会和安大略省博物学家联合会共同完成 1400 英亩①私人土地的收购，其中加拿大国家公园管理局出资 20 万加元获得 400 英亩的土地所有权，归公园管理方所有，另外的 1000 英亩的土地所有权和管理权归加拿大自然保护协会。由于该片土地对于布鲁斯半岛国家公园的生态完整性具有重要的意义，因此，加拿大自然保护协会所拥有的这块土地的科学管理主要接受公园管理方的建议。因此，布鲁斯半岛国家公园实际可控制这块土地的管理。

三是政府出面宣传，鼓励私人土地所有权人捐赠土地给国家公园管理局，政府在遗产税上提供一定的优惠措施。

（c）非政府组织对国家公园内的私人土地所有权人处置资源进行监督。

b. 使用权

国家公园土地资源的使用受到非常严格的限制。根据加拿大国家公园指导原则及运行政策，通过有关资源使用权的管理规定，明确公园内资源权属，以解决土地所有权人与使用权人利益分配，解决原住民生存和国家公园建设之间的矛盾冲突。加拿大国家公园自然资源使用权设置情况如下：

——土地使用权

最早在 1887 年的落基山公园法中，加拿大就曾制定过有关土地租赁的规定。随后，班夫国家公园土地管理部门也尝试实行有效期不超过 21 年的土地租赁，但遭到班夫镇居民的反对，在社会压力下，于 1890 年开始实行有效期不超过 42 年的土地租赁合同，而且租赁合同可以永久续签。这实际上相当于永久租赁合同。这种可以永久续签的土地租赁合同在 20 世纪 60 年代已停止使用，但在班夫（Banff）、贾斯珀（Jasper）和其他一些加拿大西部的国家公园内现在仍然存在许多这样的契约。这是因为在当时从永久续签租赁向无永久续签权的租赁转化过程中，加拿大最高法院认定必须保护原有永久租赁合

---

① 1 英亩=0.404 公顷。

同签约方的权利。

当前，加拿大国家公园土地使用权主要包括土地使用许可（permit）、土地租赁（lease）和土地占用执照（license of occupation）三种形式。这三种类型的土地使用权设置，是针对有居住权者的日常使用和公园参观者的游览提供服务与设备用地需求。

（a）租赁

加拿大国家公园土地租赁的最长期限为 42 年，到期后允许续签，但续签有限制条件。同时，对国家公园土地租赁的使用目的和租赁土地的位置也有限制性要求。租赁目的包括班夫镇和贾斯珀镇、游客中心、度假胜地的居住使用和为国家公园游客提供服务和设备的土地使用。

租赁的土地必须是在加拿大土地调查法框架下经过调查的公共土地，或是官方或相关法律指定的计划的公共土地，或者在环境部部长的指导下，参考了测绘局局长批准并监视的解释性计划的公共土地。

根据加拿大国家公园租赁和占用许可证管理办法，全国唯一一家被批准共同租赁的国家公园位于艾伯塔省，此共同租赁计划已在当地土地权办公室登记。国家公园管理局首先与租赁者（通常为开发商）签署一份整体开发的租赁合同，称为第一租赁。共同租赁调查计划得以登记并且每个单元的权利开放后，第一租赁人（开发商）会与各单元的租赁购买者签署协议。当这些协议在土地权办公室登记且环境部部长同意后，各个单元的租赁人就会成为单元租赁购买者。

根据加拿大国家公园管理计划，用于租赁的土地和设备需要满足服务公众的目的，因此，租赁权人必须向加拿大国家公园管理局上缴一定的租赁收益。

（b）占用执照和使用许可

国家公园土地占用执照由环境部部长批准，最长有效期不超过 42 年。土地占用执照不给予执照持有人任何不动产或土地收益，执照的发放有特定的目的，如建筑内的行政区域、游客中心的游客住宿、道路、畜栏、高山上的小屋等土地矛盾不可能发生和不要求单独使用的土地。根据加拿大国家公园法，广播与电视中继站、微波塔、天气和遥测站、宇宙射线和其他科学管理站，可以通过租赁或占用执照的形式获得园内公共土地的使用权；对公园社区或游客中心（含商业区），可通过租赁或占用执照的形式转移公共土地使用权。

占用执照通常不需要土地调查，这部分土地通常只用草图、位置计划或边远地区的地形图来描述。使用许可用于国家公园内的宿营、用水等各种各样的活动。使用许可也不需要土地调查。

（c）通行权——公共目的

根据加拿大国家公园法，已有的铁路轨道、铁路车站，油气管线、电信或电力传输线以及有关的设施等，可以通过租赁或地役权的形式获得国家公园内公共土地的通行权。此部分土地仍归属公园。如果公共目的的土地使用终止，产权归还公园或皇室。土地使用许可、土地租赁、土地占用执照到期后，如果土地使用权人遵守了到期协议的条款和规定，并且原有土地使用权区域的使用权尚未被转让，申请人可以提出新的土地使用申请协商，但土地申请用途必须符合国家公园管理计划的要求。新的土地使用权申请确认，应符合联邦政府有关公平竞争的政策规定。

——资源利用权

通常情况下，加拿大禁止国家公园内各种形式的资源开采，诸如采矿、林业、石油天然气和水电开发、以娱乐为目的的狩猎等。但根据加拿大国家公园法，只要得到公园管理机构的特殊许可，可以获得如下资源利用权利：

- 对于新建的国家公园，当地居民传统的资源利用方式可以继续保留；
- 在野牛国家公园（Wood Buffalo National Park）、瓦普斯克国家公园（Wapusk National Park）、格罗莫讷国家公园（Gros Morne National Park）等部分特定的国家公园内，在有关规定（由内阁总理制定）管理下，可以开发传统可再生资源；
- 根据水利支配法，国家公园可以与水利发电方签署特殊协议，允许其在国家公园内开发、运营和维护水力发电；
- 与对公园毗邻土地有管辖权的当地政府签署特殊协议，同意公园向毗邻地区供水；
- 允许公园向园区内或公园毗邻地区的居民提供家庭用水，允许向为园区游客提供服务的建设提供用水等。

——居住权

加拿大国家公园中的居住权人可分为一般性居民和土著人两种，这两种人在适用政策上有很大差别。对一般性居民来讲，如果只是季节性的，按规定他们只能在社区中心居住。如果是永久居民，由于这类居住权人同时也可能是国家公园的雇佣工人，这些居住权人既可以居住在社区中心，也可以居住在他们工作的地方。

按照加拿大国家公园管理相关规定，国家公园内的居住权人，不仅可以拥有私人住所的共同使用权，同时还在国家公园内拥有适当的设备使用权。这项设备使用权会一直伴随居住权人的身份。

——土著人权利（国家公园保护区）

土著人长期以来就是以打猎、捕鱼、诱捕动物等为生，为解决其与自然资源保护的矛盾，国家公园管理局在有土著人生活的地方设立国家公园时，首先应与土著人进行协商，在充分尊重他们权利的基础上，划出土著人可以利用资源的范围，在国家公园内留出资源利用区。在该区域内，土著人除拥有土地使用许可证、用水许可证、户外娱乐许可证外，还可以进行传统的围猎、捕鱼、采摘活动。为了资源的可持续利用，禁止对自然资源进行大规模的和掠夺式的开发利用。当土著人找到可以替代的生存方式后，上述活动可被终止。

2. 加拿大自然资源登记

（1）土地资源调查登记

早在 1955 年，多个与国家公园土地调查与交易有关的部门曾签署过一份跨部门协议，主要针对领土土地、国家公园、印第安保护区和其他联邦公有土地的调查与描述，但这份协议的很多内容已经过时，加拿大公园土地管理的新模式正在讨论中。加拿大目前没有法定的专门的国家公园土地登记系统，但在魁北克加蒂诺地区，从首个国家公园开始，就建立了一套相关的类似于土地登记的系统。该系统收录了所有国家公园土地的征收、处置和转让记录，包括委员会命令、土地转让协议、土地出售协议、租赁合同、许可证、土地使用协议和其他相关资料的原始文件。

在全国土地调查工作中，截至 2014 年，已实施了 300 多项与国家公园（包括国家公园保护区）土地调查有关的计划，所有调查结果汇集在加拿大土地调查系统（Canada Lands Survey System）中。迄今为止，该系统已经收录了全部 46 个国家公园的土地调查信息。通过该系统，可以查询各个国家公园的调查计划、调查进展和地理坐标、UTM坐标、行政边界、宗地、所在镇区等基本信息，以及在此基础上叠加的矿业权、油气调查区、住宅区、育空地区、克里纳斯卡皮行政权属区、租赁区、印第安保护区租赁区、保护区等信息。

加拿大土地产权登记由各省相关部门具体负责，全国 13 个省共有土地产权登记办公室 184 个。各省有自己独立的土地产权登记系统。目前加拿大大多数地方采用托伦斯登记系统。

以安大略省为例，土地的所有权记录主要是消费与商业关系部的地产权利登记处来管理的。全省被分割为 5 个大区域，每个区域大致有十多个登记办公室，基本上每个县或区有一个登记办公室。登记工作由分布于全省的 65 个土地登记办公室进行管理，其土地产权登记主要包括以下信息：

- 当前所有权人名字；
- 权利如何持有（联合共有、一般共有、绝对所有等）；
- 法律描述；
- 所有权识别编码；
- 是否登记有土地所有权转换、绝对所有权或绝对所有权附加；
- 有无地役权，如有，应同时登记地役权的地理位置和当事人；
- 地役权是否到期、是否有索赔通知、地役权的范围、是否影响地面建筑等；
- 主要登记制度；
- 所有权细分（住宅、开发或工业等）；
- 财产抵押或面临的费用；
- 是否遭受扣押（房屋留置、所得税欠税通知、房产税欠税通知、环境留置、安全通知、建筑留置及相关文件）；
- 如财产是租赁的，是否有租赁权；
- 是否有任何所有权的限制条款；
- 是否有任何通知，如噪声警告、气味警告等；
- 所有权范围内是否有任何调查（最好有建筑物位置调查）；
- 土地权属是否有规划，在产权描述上是否有重叠或空白等。

（2）自然资源登记

加拿大联邦政府所有的林地包括国家公园、国防用地和原住民土地在内，仅为 4% 左右；私人所有林地约 6%；其余大部分林地归各省和地区政府所有，约 90%。加拿大各省为各自省内水资源的所有者，对省内的水资源具有立法和行政管理的权力，所以加拿大自然资源的确权登记主要由各省和地区政府负责，省和地区一般都有各自独立的自然资源确权登记系统（杨杰，2016）。其中，比较具有代表性的是不列颠哥伦比亚省和艾伯塔省的自然资源登记系统。

——土地与资源统一登记（不列颠哥伦比亚省）

加拿大不列颠哥伦比亚省在自然资源确权方面，实行的虽然是按照资源种类由十几个部门和机构分别管理的，但是建立了统一登记的机构和平台系统，并将数百项土地与资源方面的权益在该平台系统中进行了统一登记。

　　a. 登记机构

　　加拿大不列颠哥伦比亚省的自然资源登记机构为土地与资源统一登记处。该登记处是不列颠哥伦比亚省的森林、土地和自然资源运营部地理空间局的一个下设机构。该部门的主要职责是为不列颠哥伦比亚省负责任的自然资源管理和相关权利授予机构做出可靠的土地相关决策提供支持、培训，并为公民和政府及时提供他们所需要的信息。

　　b. 统一登记系统及使用功能

　　加拿大不列颠哥伦比亚省的土地与资源统一登记处共登记 260 项公共土地上的权益，包括土地保有状况、用途管制、土地和资源的使用限制和保留方面，这些信息来自于 19 个与登记处合作的省厅和机构。公园、森林、水、矿产等都包含其中。具体情况见土地与资源统一登记处公布的权益登记表（表 4-2）。从权益的类型来看，主要包括准许、专利、租约、执照、协议、许可、权利、管理或控制转移和指定等（杨杰，2016）。

表 4-2　不列颠哥伦比亚省自然资源统一登记权益

自然资源	使用目的	登记权益
土地	农业	12 项：农业购买证、农业公有授权、农业支配专利、相关法定农业权利（主要指《土地法》和《土地权法》）、农业（市场）库存、农业租赁、农业（占用）执照、农业经营协议、农业（临时）许可证、农业储备或标识（公共目的）、农业通行权、农业管理或控制转让
	社区	9 项：社区公有授权、社区库存、社区租赁、社区执照、社区经营协议、社区许可、社区储备、社区通行权、社区管理或控制转移
	公有污染地	1 项：公有污染地指定
	生态	1 项：生态保护区
	原住民	6 项：原住民公有授权、原住民执照、原住民经营协议、原住民库存、原住民法定转移、原住民管理或控制转移
	工业	12 项：工业购买证、工业公有授权、工业支配专利、工业（法定）附属（权利）、工业库存、工业租赁、工业执照、工业经营协议、工业许可、工业储备、工业交通权、工业管理或控制转移
	信息化前的土地权益	10 项：信息化前土地购买证（已取消）、信息化前土地公有授权、信息化前土地支配专利、信息化前（法定）附属（权利）、信息化前土地租赁、信息化前土地执照、信息化前土地经营协议、信息化前土地管理或控制转移、信息化前土地通行权、信息化前土地储备
	采石场	10 项：采石场公有授权、采石场开发协议、采石场库存、采石场租赁、采石场执照、采石场经营协议、采石场许可、采石场储备或标识、采石场交通权、采石场管理或控制转移
	房地产	1 项：房地产项目
	休闲区域	1 项：休闲区指定

自然资源	使用目的	登记权益
土地	居住	12 项：居住购买证、居住公有授权、居住支配专利、居住（法定）附属（权利）、居住库存、居住租赁、居住执照、居住经营协议、居住许可、居住储备、居住通行权、居住管理或控制转移
	道路	2 项：道路许可、道路使用许可
	地下储存	2 项：地下储存执照、地下储存租赁
	公共设施	9 项：公共设施公有授权、公共设施（法定）附属（权利）、公共设施租赁、公共设施执照、公共设施经营协议、公共设施许可、公共设施库存、公共设施通行权、公共设施管理或控制转移
	商业	14 项：商业购买证、商业公有授权、商业开发协议、商业支配专利、商业（法定）附属（权利）、商业（市场）库存、商业租赁、商业执照、商业经营协议、商业许可、商业（公共目的）储备、商业收入共享协议、商业通行权、商业管理或控制转移
	商业娱乐	8 项：商业娱乐公有授权、商业娱乐库存、商业娱乐租赁、商业娱乐执照、商业娱乐经营协议、商业娱乐许可、商业娱乐预留、商业娱乐通行权
	其他土地利用	11 项：其他土地利用公有授权、其他土地利用支配专利、其他土地利用库存、其他土地利用租赁、其他土地利用执照、其他土地利用经营协议、其他土地利用许可、其他土地利用储备、其他土地利用交通权、其他土地利用管理权和控制转移权
矿	煤矿	2 项：煤矿租赁、煤矿执照
	钻探	2 项：钻探执照、钻探预留（已撤销）
	矿物	2 项：矿物、矿砂或煤矿储备
	采矿	2 项：采矿权、采矿租赁
	冲积矿	2 项：冲积矿采矿权、冲积矿租赁
能源	能源生产	7 项：能源生产公有授权、能源生产租赁、能源生产执照、能源生产经营协议、能源生产许可、能源生产储备、能源生产通行权
	地热	2 项：地热租赁、地热许可
	油气设施	1 项：油气设施临时许可
	其他油气事项	1 项：其他油气事项临时许可
	油气管道系统	1 项：油气管道系统临时许可
	石油和天然气	8 项：天然气租赁、天然气执照、油气租赁、油气许可、石油租赁、石油和天然气协议、石油和天然气租赁、石油和天然气许可
	风力	4 项：风力执照、风力租赁、风力许可、风力通行权
林	植物产品及林产品	1 项：森林植物产品执照
	圣诞树	1 项：圣诞树许可证
	森林	1 项：林地库存
	森林交通	4 项：（原文内容缺）
	森林地图	1 项：森林地图标识
	森林游乐	1 项：森林游乐使用权
	森林服务	1 项：管理森林使用的道路
	免费使用	1 项：免费使用许可
	油气木材	1 项：油气木材砍伐执照

自然资源	使用目的	登记权益
林	狩猎区域	1项：狩猎区证
	木材纸浆	1项：木材纸浆执照
	植林地	1项：植林地执照
	陷阱捕猎	1项：陷阱捕猎区
	林场	1项：林场执照
	木浆	1项：木浆租赁
	制浆木材	1项：制浆木材协议
	林主	1项：主人砍伐执照
	木材	2项：木材执照、木材销售执照
	公有林	1项：公有林协议
	森林通信	1项：森林通信点
草	干草收割	2项：干草收割执照、干草收割许可
	干草收割区域	1项：干草收割区域许可
	放牧	2项：放牧执照、放牧许可
水	水产养殖	10项：水产养殖购买证、水产养殖公有授权、水产养殖（法定）附属（权利延伸）、水产养殖（市场）库存、水产养殖租赁、水产养殖执照、水产养殖经营协议、水产养殖许可、水产养殖储备、水产养殖管理或控制转移
	水资源	2项：水执照、水利设施
	水力	6项：水力公有授权、水力租赁、水力执照、水力许可、水力库存、水力通行权
	井	1项：井权
公园与保护区	自然保护区	1项：保护区指定
	保护研究区	1项：保护研究区指定
	环境保护与娱乐	11项：环境保护与娱乐公有授权、环境保护与娱乐支配专利、环境保护与娱乐库存、环境保护与娱乐租赁、环境保护与娱乐执照、环境保护与娱乐OIC 生态保护行动、环境保护与娱乐经营协议、环境保护与娱乐许可、环境保护与娱乐储备、环境保护与娱乐通行权、环境保护与娱乐管理或控制转移
	公园	1项：公园指定
	保护	1项：保护指定
	野生动物管辖区	1项：野生动物管辖指定
其他	高山滑雪	9项：高山滑雪公有授权、高山滑雪开发协议、高山滑雪（市场）库存、高山滑雪租赁、高山滑雪执照、高山滑雪运营执照、高山滑雪（临时）许可证、高山滑雪（公共目的）储备、高山滑雪通行权
	考古	1项：考古遗址
	通信	9项：通信购买证、通信公有授权、通信租赁、通信执照、通信经营协议、通信许可、通信储备、通信通行权、通信管理或控制转移
	社区废物利用	1项：社区废物利用执照
	占用人	1项：占用人砍伐执照

自然资源	使用目的	登记权益
其他	机构	12 项：机构购买证、机构公有授权、机构支配专利、机构（法定）附属（权利）、机构库存、机构租赁、机构执照、机构经营协议、机构许可、机构储备、机构通行权、机构管理或控制转移
	休闲	2 项：休闲地、休闲道路
	特殊使用	1 项：特殊使用许可
	意向声明	1 项：意向声明边界
	运输	11 项：运输购买证、运输公有授权、运输支配专利、运输（法定）附属（权利）、运输租赁、运输执照、运输经营协议、运输许可、运输库存、运输通行权、运输管理或控制转移

注：翻译自 https://www2.gov.bc.ca/gov/content/data/geographic-data-services/land-use/integrated-land-resource-registry/registered-interests，并部分参考杨杰（2016）。

加拿大不列颠哥伦比亚省的土地与资源统一登记系统中记载的主要信息有：基本地图信息，如道路、水文、地图网格和地形等；公有土地信息，如所有权、土地使用限制与保留、用途管制等；私有土地信息，如所有权、土地边界或者林区、公园的边界等边界信息。这一登记系统为用户提供最新的、可靠的与土地使用权益相关的信息，以供其决策。通过该系统，用户可以知道哪些信息需要通过哪个政府系统来获得，如详细的土地调查信息可通过"政府联机检索访问工具"获得，数字数据和资源信息可通过"不列颠哥伦比亚省数据库"获得，私有土地的信息可以通过"地权与调查当局"获得。利用该系统，用户可以了解公有土地和私有土地当前的所有权状态、识别潜在的土地利用方面的冲突、制订土地利用计划、制订相关谈判应急预案和响应方案。总之，该系统可以快速地为用户提供土地和资源的综合信息，支持跨机构的信息查询衔接，为公众和政府工作人员提供关于某一土地上自然资源各项权益的综合情况。

——自然资源分类确权登记（艾伯塔省）

艾伯塔省内的自然资源仍然是按类别分别进行确权登记的。加拿大的大多数省与艾伯塔省相同，都没有建立自然资源统一登记体系。艾伯塔省的土地、森林、水、公园这四个自然资源确权登记情况具有一定的借鉴意义。

a. 土地的确权登记

艾伯塔省在其他自然资源确权登记权前，首先要对土地进行确权登记，这是考虑到其他资源都需要依托土地而存在。土地在自然资源中是具有特殊地位的。土地作为其他自然资源对象的载体，为其他自然资源对象的确权登记提供标尺。艾伯塔省由土地所有权办公室依据土地所有权法负责土地确权登记工作。该省的土地所有权登记采用托伦斯登记制度，即政府对于登记的有效性和安全性负责，并对由于登记的错误所造成的损失承担赔偿责任。艾伯塔省土地登记系统对某一具体土地主要是通过经度、纬度区间和行政区位来描述其位置，在森林、水资源、公园的确权登记中，也是采用这一法定的描述方式。

b. 森林的确权登记

艾伯塔省的森林法将林地定义为间或覆盖着森林植被的公有土地，该森林法是艾伯塔省的森林确权登记的法律依据。

根据该森林法，艾伯塔省在政府管理层面，并未为森林划定明确的物理界限。艾伯塔省将省内划分成不同的森林管理单元，每个管理单元的管理机构负责管理本单元所属土地范围内的森林利用行为。期望获得某一区域森林利用权利的主体，需要向该区域所属的森林管理单元的管理机构提交一个森林利用计划或森林管理协议。管理当局会对该计划或协议进行审核。如果该计划或协议符合法律规定及联邦和省的规划，则会根据该主体的申请，给予其配额、执照或许可等授权，或与该主体签订协议。这些计划或协议在审核阶段会在管理机构的网站上公布，而主体获得这些配额、执照或许可等授权以及协议，即可视为对其在森林上的权利的确权登记。可见，在森林确权登记方面，其确权登记的对象是在一定区域内以某一方式利用森林的行为，而这个一定区域并不需要按照林地的标准进行单独定义，而是采用土地登记系统中的描述方式来确定其位置的（杨杰，2016）。

c. 水资源的确权登记

艾伯塔省的水资源确权登记机构为艾伯塔省环境与公园部的环境与水办公室。该省水资源的确权登记的主要法律依据是水法。

艾伯塔省的现行水法确定了三种水权类型：土地所有权人用水、传统农业用水和许可用水。土地所有权人用水者是拥有或占据蕴含地下水或毗邻河流、小溪、湖泊或其他自然水体的土地的个人。

土地所有权人用水者不包括从市政或其他许可用水者获得水供应的个人。每个土地所有权人用水者被允许从地下水或毗邻水体中每年引水不超过 1250 立方米，且这些水只能被用于土地所有权人用水者家庭的消费和卫生、防火、饲养动物以及浇灌花园、草坪和树木，土地所有权人用水是土地所有权人的一项法定权利。对于土地所有权人用水，法律规定不需进行备案或许可，也就是通过直接的法律规定的形式即为这类用水者进行了确权。

　　传统农业用水者是在现行水法生效之前，用水进行传统农业生产的农业用水者。这一水权一般是依附于特定农地，该农地被出售后，相应的水权也随之转移，传统农业用水没有截止日期。传统农业用水者每年引水量在 6250 立方米以内的，不需要申请正式授权。传统农业用水者，需要到管理机构通过备案完成这类用水者的确权登记。

　　许可用水者是土地所有权人用水者、传统农业用水者及水部门规章所规定的其他例外情形外的用水者。许可用水者需要通过获得管理机构许可的方式进行确权登记。用水许可证一般会列明其所代表的水权的优先级、引水点的位置、水的来源、引水量、引水比例和时间，以及引水所需遵循的其他条件。

　　d. 公园的确权登记

　　艾伯塔省的公园确权登记由省行政会议与艾伯塔省环境与公园部依据省公园法进行。艾伯塔省环境与公园部是法定的承担公园管理职责的政府机构。

　　艾伯塔省的公园管理相关政府部门确定了将在某个区域建立省公园的计划后，将这一计划提交给省行政会议，省行政会议讨论通过该计划后提交给省总督，由省总督签字批准后，以行政会议令（具有法律效力）的形式公布实施。完成了从计划到省总督签字批准，颁布行政会议令等一系列法定程序后，即同时完成了公园的确权和登记。该行政会议令原文一般会放在官方的法律文件查询系统中供公众查询。艾伯塔省环境与公园部在该行政会议令颁布后要在其网站上公布公园的名称和指定该公园的行政会议令的编号，并会附上表明该公园边界的地图。在该地图的下方，采用土地登记系统中的描述方式，描述出该公园所处的位置，至此便完成了公园的确权登记规则。

4.3　发展基础及其制度发展方向

4.3.1　发展基础

　　自然资源统一确权登记是落实资源管理和用途管制的前提和基础。自然资源是生态环境的重要空间载体、主体构成要素和生态保护的主要对象，承载着社会经济的可持续发展，支撑各行业发展，社会影响深远。总体而言，中央高度重视，为推进自然资源确权登记提供了有力保障；单门类自然资源的调查统计为统一确权登记奠定了基础；不动产统一登记法律法规和技术标准的制定与完善为统一确权登记提供了良好的法治与标准保障；不同管理部门开展自然资源调查与监测，初步摸清了自然资源家底，为统一确权登记提供了有力的数据支撑。具体发展基础包括以下几个方面：

1. 法律、机构和制度建设基础

2015 年 3 月国务院实施《不动产登记暂行条例》以来，围绕登记机构、登记依据、登记簿册和信息平台四个方面完善不动产登记制度，基本完成制度建设。截至 2016 年 12 月，全国 335 个地市 2801 个县（区）已经实施了不动产统一登记制度，停发了旧证、颁发了新证，不动产登记制度已经全面落地，这为自然资源统一确权登记奠定了制度基础，积累了经验。在这个过程中，登记队伍建设、人员培训、技术完善、实践经验等方面也取得了很好的积累和锻炼，能为自然资源确权登记的开展提供人力、物力和技术支撑。

2. 自然资源调查监测提供了数据及其技术支撑

我国已开展矿产、土地、森林、水等自然资源的调查，初步摸清自然资源家底，为统一登记奠定了良好的基础。第二次全国土地调查，通过采用先进的技术手段，较为全面地查清了各类土地资源的数量、空间及其权属，并建立了空间数据库。国土资源部门对矿产资源的调查已连续进行了 12 年，并进行了矿产资源潜力评价，初步掌握了矿产资源家底。通过海洋地质保障工程、金土工程、数字国土、大洋与极地考察等一系列重大专项的实施，国土资源调查与监测评价已基本实现数字化。国土资源卫星遥感影像"一张图"和综合监管平台建立并能实现持续更新。林业部门已完成第八次全国森林资源清查。另外，水利部门、农业部门、环保部门等开展了水、草原等专项调查监测与全国重要饮用水水源地安全保障达标建设等工作，并初步开展了河湖健康评估（魏铁军，2017）。

3. 土地登记为其他资源登记提供了载体和基础

从自然资源登记的对象或者具体形态来看，要么以土地的形态存在，比如山岭、荒地、滩涂，要么依附于土地而存在，比如水流、森林、草原和矿产资源等。开展自然资源确权登记就离不开土地，土地又是不动产登记的基础。在不动产登记当中，已经涵盖了部分自然资源的所有权或者使用权。国有土地使用权和集体土地所有权总登记和初始登记已基本完成，集体建设用地使用权和宅基地使用权确权登记全面推进，土地承包经营权确权登记工作试点范围逐步扩大，产权争议调解处理工作制度已建立。在此基础上，开展自然资源统一确权登记，一是有利于划清全民所有和集体所有、全民所有各级政府代行所有权、不同集体所有者以及不同类型自然资源的所有权边界——"四个边界"；二是便于把不动产登记当中的所有权、用益物权与自然资源统一登记当中的所有权关联；三是便于把不动产登记簿与自然资源登记簿有效衔接，完全整合不动产和自然资源登记信息。此做法应该说是路径最优，成本最低且效率最高。因此，这也是中央要求以不动产登记为基础开展自然资源统一确权登记的必然选择。

4. 单门类自然资源确权登记有一定的实践基础

自然资源确权登记的范围在逐步扩大，单门类自然资源登记进一步完善。除土地登记外，草原使用权、海域使用权等登记制度已经全面建立，林权制度改革取得重要突破。单门类自然资源的确权登记为自然资源统一确权登记奠定了技术、队伍、管理经验等方面的基础。

4.3.2 制度发展方向

国家公园作为独立的自然资源登记单元纳入自然资源统一确权登记系统当中。在不动产登记基础上开展自然资源统一确权登记，目的是划清"四个边界"，支撑建立归属清晰、权责明确和监管有效的自然资源资产产权制度，服务于自然资源的保护和监管，不会限制地方发展空间。开展自然资源统一确权登记，仅仅是确权登记的统一，行业管理职责仍在相关部门，不会影响自然资源管理现有体制和格局。自然资源确权登记不会损害既有权利人合法权益，如果涉及调整或限制已登记的不动产权利的，必须符合法律法规规定。对于已经纳入《不动产登记暂行条例》的不动产权利，按照不动产登记的有关规定办理，不搞重复登记。

国家公园自然资源统一确权登记的作用如下：（1）全面摸清国家公园自然资源资产家底，夯实生态文明建设的基础；（2）能够全面落实国家公园自然资源的权利主体，明确保护责任，并调动权利主体保护自然资源的积极性，推动自然资源的保护和监管，促进绿色发展，是落实五大发展理念的根本要求；（3）有望全面摸清国家公园内各类自然资源的质量、数量和保护要求，并通过登记的法律手段予以公示明确，落实到每一个产权人或者使用权人，为国家公园自然资源分类施策、有效保护和开发利用做好重要准备；（4）实现国家公园不动产登记当中的所有权、用益物权与自然资源所有权"三权关联"，不动产登记簿与国家公园自然资源登记簿"两簿"有效衔接、一致对应。

　　由此可得出国家公园自然资源统一确权登记制度的发展方向：按照建立系统完整的生态文明制度体系的要求，在不动产登记的基础上，构建自然资源统一确权登记制度体系，逐步实现对水流、森林、山岭、草原、荒地、滩涂等所有自然生态空间的统一确权登记，清晰界定全部国土空间各类自然资源资产的产权主体，划清全民所有和集体所有的边界，划清全民所有各级政府代行所有权的边界，划清集体所有者所有权边界。国家公园自然资源确权登记信息纳入不动产登记信息管理基础平台，实现自然资源确权登记信息与不动产登记信息有效衔接。国家公园自然资源确权登记信息与农业、水利、林业、环保、财税等相关部门管理信息应当互通共享，服务自然资源的确权登记和有效监管。推进确权登记法治化，推动建立归属清晰、权责明确、监管有效的自然资源资产产权制度，支撑自然资源有效监管和严格保护，实现自然资源统一确权登记与不动产登记的有机融合。

4.4　基本制度与操作办法

4.4.1　基本制度与程序

1. 基本制度

（1）登记机构设置

　　国家公园自然资源统一确权登记应该由不动产登记机构负责。不动产登记机构应该在国家公园管理机构设立自然资源确权登记处及其技术工作体系，负责开展公园自然资源确权登记工作。

（2）登记簿册

　　设立国家公园自然资源登记簿册，登记国家公园内各类自然资源的权属关系。

（3）登记依据

　　国家公园自然资源确权登记的依据为土地利用现状调查成果、不动产登记成果、国家关于设立国家公园的文件、国家公园规划、国家公园自然资源考察成果等。

（4）登记单元划分制度

　　《自然资源统一确权登记办法（试行）》规定将国家公园作为独立自然资源登记单元

并进行了相应规定："以国家公园作为独立自然资源登记单元的，由登记机构会同国家公园管理机构或行业主管部门制定工作方案，依据土地利用现状调查（自然资源调查）成果、国家公园审批资料划定登记单元界线，收集整理用途管制、生态保护红线、公共管制及特殊保护规定或政策性文件，并开展登记单元内八大类自然资源的调查，开展全要素的自然资源确权登记，并解决好自然资源跨行政区域登记的问题，通过确权登记明确各类自然资源的种类、面积和所有权性质。"

（5）首次登记制度

国家公园自然资源首次登记是指在一定时间内对国家公园内全部自然资源所有权进行的全面登记。在不动产登记中已经登记的集体土地及自然资源的所有权不再重复登记。

《宪法》（2004 年修订版）第九条规定自然资源属于国家所有即全民所有，除法律规定的属于集体所有的除外。自然资源的所有权只有国家所有和集体所有两种类型，这就决定了自然资源首次统一确权登记时应该由政府主导，由县级以上人民政府成立自然资源统一确权登记领导小组，国土资源主管部门（不动产登记机构）会同相关资源管理部门具体负责。目前国家公园一般由省级政府管理或者由省级政府委托市、县级政府管理，具体应该由国土资源部不动产登记中心会同国家公园管理局以及相关资源部门（以前负责此类资源登记的部门）进行首次登记。

（6）变更登记制度

变更登记是指因国家公园自然资源的类型、边界等自然资源登记簿内容发生变化而进行的登记。

（7）登记信息平台建设

自然资源确权登记信息纳入不动产登记信息管理基础平台，实现自然资源确权登记信息与不动产登记信息有效衔接；自然资源确权登记信息与农业、水利、林业、环保、财税等相关部门管理信息应当互通共享，服务自然资源的确权登记和有效监管。

2. 登记程序

国家公园自然资源首次统一确权登记程序包括由国家不动产登记局向社会发布通告、组织进行实地调查、进行公告、最终进行登簿。登记一般程序见图 4-1。如果日后自然资源的类型、边界等自然资源登记簿内容发生变化的，自然资源所有权代表行使主体（国家公园管理局）应当持相关资料并配合登记机构办理变更登记，主要程序包括嘱托→接受嘱托→审核→登簿。

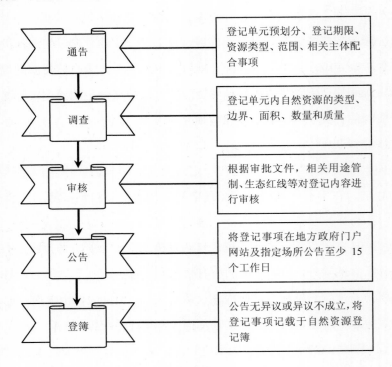

图 4-1　自然资源首次登记程序

4.4.2　登记操作办法

1. 国家层面制定确权登记工作方案

目前我国已设立的 10 个国家公园示范区内的自然保护区、森林公园、湿地公园、地质公园、风景名胜区、大型河流湖泊等自然资源都是国家级（甚至是世界级）重要的，由国务院下属的国土资源部、农业部、水利部、住房和城乡建设部、国家林业局、国家海洋局等相关部门直接进行管理，因此在制定确权登记工作方案时需要这些相关部委参与。由国家不动产登记局、国土资源部不动产登记中心会同国家公园管理总局以及上述国务院直属自然资源管理部委制定国家公园统一确权登记方案。具体调查工作由地方国家公园管理局协助当地省（市）不动产登记中心进行。

2. 制作工作底图

以 2016 年年底土地利用现状图为基础，将国家公园审批资料划定的范围内已登记的集体土地所有权、林权、建设用地使用权等登记成果及城镇建成区界线、城镇规划区界线、行政村界线、主体功能区界线等坐标，结合相关资源管理部门的用途管制、生态保护红线、公共管制、特殊保护规定或政策性文件以及已取得的不动产登记结果等资料，绘制到土地利用现状图及正射影像图上，制作调查工作底图。

3. 预划登记子单元

国家公园作为独立自然资源登记单元，在对每个具体国家公园进行确权登记前需要将自然资源登记单元进行细化。根据国家公园自然资源调查的工作范围，结合已登记的不动产物权权属边界，按照不同自然资源种类和在生态、经济、国防等方面的重要程度以及相对完整的生态功能、集中连片等原则，在工作底图上预划分为严格保护区、保育区、游憩区、传统利用区等预登记子单元等自然资源登记单元。

4. 开展外业调查

外业调查主要内容包括自然资源的权属状况、界址、绘制单元草图、填写自然资源调查表等。通过外业调查，查清国家公园区内各自然资源的类型、边界、面积、数量、质量等，形成自然资源调查图件和相关调查成果。试点区内已登记的不动产权利，应在权籍调查表中记载。

5. 首次登记审核

地方国家公园管理局协助地方省或市不动产登记中心，向国土资源部不动产登记中心提交材料。国土资源部不动产登记中心依据自然资源调查结果和相关审批文件，结合相关资源管理部门的用途管制、生态保护红线、公共管制及特殊保护规定或政策性文件以及不动产登记结果资料等，对登记的内容进行审核。如果不符合要求，将打回进行调整和完善，符合要求后才能通过审核。

6. 发布首次登记通告

国土资源部不动产登记中心审核通过后，向社会发布自然资源首次登记通告。通告的主要内容包括：自然资源登记单元界线、自然资源登记期限、自然资源类型和范围、需要集体土地所有权人等相关主体配合的事项及其他需要通告的内容。

应当将自然资源登记事项在所在区域国土资源部不动产登记门户网站、地方政府门户网站及指定场所进行公告，涉及国家秘密的除外。公告期不少于 15 个工作日。公告期内，相关权利人对登记事项提出异议的，登记机构应当对提出的异议进行调查核实。

7. 载入自然资源登记簿

公告期满后，无异议或异议不成立的，将登记事项记载于自然资源登记簿。国家自然资源所有权的权利人登记为"全民"，"所有权代表行使主体"拟登记为"×××国家公园管理局"，"所有权代表行使内容"在后续予以补充记载。

自然资源登记结束后，以自然资源登记单元为单位，按照权利主体、权属来源资料、权籍调查成果的次序，整理纸质成果和电子数据存档。

8. 把公园纳入自然资源登记系统

在不动产登记信息系统基础上，把自然资源确权登记的成果录入登记信息系统，实现自然资源登记数据库与不动产登记数据库有效衔接，并统一纳入属地国土资源一体化应用平台。

第5章 中国国家公园自然资源有效管理的体制机制

5.1 管理体制机制构建的原则与路径

5.1.1 主要原则

国家公园自然资源产权制度安排是自然资源保护管理中最有影响力、最不可缺少的基础制度，是资源有效管理的核心。它是关于国家公园自然资源归谁所有和使用，以及由此依法履行监管、保护、合理利用义务的一系列规定构成的规范体系。国家公园体制建设总体上应该按照中央"坚持自然资源资产的公有性质，创新产权制度，落实所有权，区分自然资源资产所有者权利和管理者权力，合理划分中央地方事权和监管职责，保障全体人民分享全民所有自然资源资产收益""应明晰各类自然生态空间的权属，明确权责，进行统一登记"等精神，顺应自然资源管理体制改革的总体思路积极推进，同时要强化国家公园自然资源的国家性、公益性及生态属性，建立和完善以自然资源资产产权制度和用途管制制度为核心的国家公园自然资源有效管理的体制机制。

我国自然资源的产权名义上属全民所有，而实际上各部门和属地政府都可以代表国家行使，其产权主体并不明确。国家缺少一个专门的、权威的机构代表国家行使所有权职能，造成所有者的事实缺位和虚化。为解决我国保护地条块分割、多头代理体制导致的问题，应按照资源资产产权管理和"一件事由一个部门管理"的原则，整合相关自然保护地管理职能，建立统一管理机构，担负起我国国家公园管理主体的责任，构建"权责明确、分级行使、统一管理"的国家公园体制。

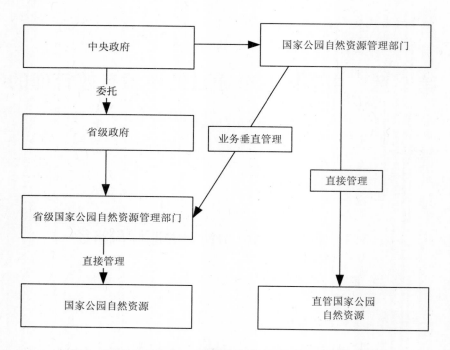

图 5-1　以自然资源资产产权制度为基础的分级统一管理体制

5.1.2　国家公园试点区自然资源资产管理实践经验

各试点区积极整合管理机构，创新自然资源资产管理方式，为建立国家公园自然资源资产管理制度提供经验借鉴。

湖南南山试点区创新地役权概念，进行差别化管理。探索将试点区内国有土地收归试点区管理机构统一管理。而试点区内集体土地则要创新引进地役权的概念，在居民生产生活集中区域的集体土地实行生态租地，由南山国家公园体制试点区管理机构与当地村民签订地役权协议，取得集体土地的地役权，实现国家公园试点区各类自然资源的保护与游憩发展等既定管理目标。但在资源价值特别高或特别重要区域，宜采取征收等方式将集体土地国有化，纳入统一管理。

北京长城试点区是以土地资源确权登记为基础，采取分区、分类差异化管理的方式，落实资源管理权，实现国家公园和社区的协调发展。试点区内的土地可分为长城文物保护范围和长城周边建设控制地带。按土地的不同属性分成国有土地、集体土地两种。国有土地的权属为国家所有，可直接交由管委会管理；集体土地的所有权为农民集体所有。为了便于管理，考虑以土地资源确权登记为基础，对于长城文物保护范围的集体土地，以流转、租用等方式交由管委会统一管理，加大保护力度。对于长城周边建设控制地带内的集体土地，由管委会与集体经济组织（村民）通过统一规划、资源共管、经济补偿，实现区域内土地资源的统一、有效管理。

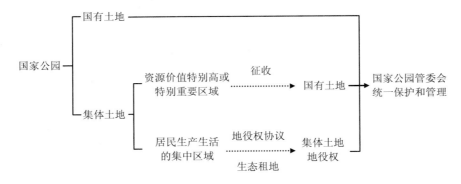

图 5-2 湖南南山国家公园试点土地资源管理权模式

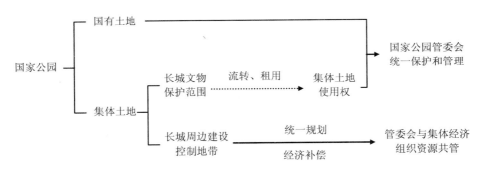

图 5-3 北京长城国家公园试点土地资源管理权模式

武夷山国家公园试点区将资源权属调整与公园功能分区及管理需求相结合，降低国家公园试点区内集体所有自然资源的比例。特别保护区中的集体土地，试点期全部通过地役权实施管理。严格控制区中的集体土地，已经实行了较为严格的保护管理措施，试点期间，通过租赁进一步将位于原风景名胜区遗迹保护区的旅游用地经营权转移成国有；其他集体土地通过地役权，将管理权流转到试点区管理局。生态修复区中的集体土地，长期已被管制，政府拥有土地经营权。试点期通过征收，将位于九曲溪上游保护地带的部分人工商品林的所有权转变为国有；通过租赁，将位于原风景名胜区二级、三级保护区的旅游用地经营权转移到国有；其他集体土地通过地役权实施管理。

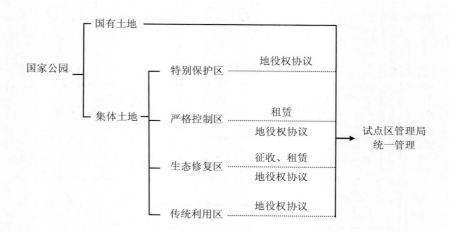

图 5-4　武夷山国家公园试点土地资源管理权模式

5.1.3　国家公园自然资源产权体系改革完善基本路径

1. 调查评估、补偿调整、统合单项自然资源产权关系

国家公园和保护地自然资源是土地、矿产、水资源、森林、草原、海域海岛、地质遗迹、风景名胜等各单项自然资源的综合体，按照自然遗迹遗产景观和国家公园自然资源整体保护传承的特殊用途，探索建立国家公园自然资源有偿使用权利体系。国家公园和保护地自然资源有偿使用的权利体系应建立在依据现有各类自然资源法律法规，调查评估、补偿调整、统合单项自然资源产权关系的基础之上（图 5-5）。通过签订合同或者确立用益物权性质的国家公园和保护地自然资源综合体使用权等方式，明确国家公园自然资源所有权人和使用权人的权利义务。明确国家公园自然资源所有权的具体代表，由其有偿出让和管理国家公园内的自然资源使用权，收取国家公园自然资源有偿使用费，从而实现有效保护自然资源及其自然生态体系，保障自然资源所有者的权益，防止国有自然资源生态资产权益流失。

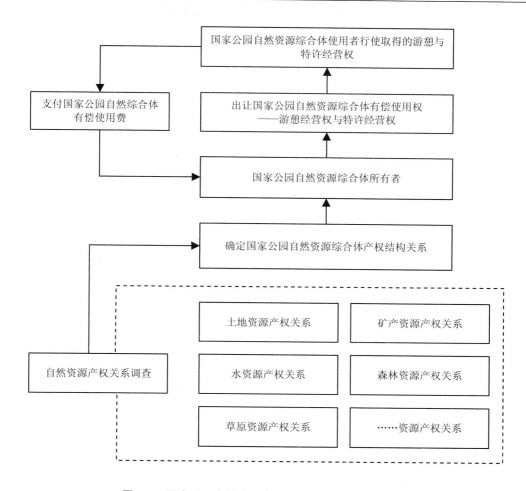

图 5-5　国家公园自然资源有偿使用权利体系构建基础

2. 创设国家公园自然资源综合体新型使用权体系

首先，应该重视对自然资源生态功能的利用。对目前各国家公园、风景名胜区等实际存在的旅游经营权进行改造，使其客体范围更加广泛，创设有利于自然资源自然生态保护的国家公园自然资源综合体使用权体系。

在经济学中，解决供给与需求矛盾的主要方法是产权制度，产权制度在法律上表现为所有权和他物权制度（黄萍，2012）。我国自然资源为国家或集体所有，需要依靠对自然资源各种有用性权利的设置，即自然资源使用权制度，来实现自然资源非所有者使用而达到有效利用（张梓太，2007），并实现所有者权益得以行使的目的。

现行的自然资源使用权多围绕土地而设计，并且多重视自然资源的经济价值，而忽略自然资源的生态价值。传统民法中关于物的归属和利用的制度是所有权制度和他物权制度，也主要是围绕土地来设计各种用益物权制度，认为其他自然资源或是土地的组成部分，或是土地的产出物。

我国《物权法》第三编以"用益物权"作为编名，将土地使用权、林地使用权、草原使用权、森林使用权、水面、滩涂养殖使用权、采矿权等因客体不同而设立的自然资源使用权统一在用益物权之下，确认了这些权利的用益权性质。但传统用益物权调整的是因对物的经济价值的利用而产生的关系，直接用"用益物权"概念不能反映自然资源利用中所特有的权利性质，如以自然资源生态功能的利用而构建的自然资源利用的权利。

自然资源使用权制度构建时只注重自然资源的经济价值，不重视自然资源的生态价值，导致自然资源开发利用中资源被严重浪费、污染和破坏。随着人类社会发展与自然资源供给之间的矛盾日益突出，自然资源开发利用的负外部性逐渐显现，自然资源的稀缺性加剧，迫切需要《物权法》对以自然资源为客体的使用权制度做出相应规定（黄萍，2012）。例如，应对自然资源使用权进行改造，拓展其客体范围，除对以自然资源经济价值的利用而产生的自然资源使用权进行规范外，还要包括某些条件下的因自然资源生态功能的利用而产生的使用权（黄萍，2012）。

创设的国家公园自然资源综合体使用权，在自然资源生态功能保护的基础上要实现合理利用。在设立该项权利的国家公园和保护地等自然生态空间内，可不再设立单项资源的使用权、景观经营权等。

其次，明晰依法取得自然资源使用权的权利主体，确保各项自然资源使用者的权利不受损失，要体现出各项自然资源使用权人在维护国家公园生态功能的同时有权享有收益或者获得补偿。

国家公园自然资源综合体使用权的客体是自然资源与自然生态景观资源，注重的是对自然资源与自然生态功能的保护性利用。国家公园和保护地自然资源综合体使用权的主体是自然人、法人及其他社会组织。经自然资源与自然生态资产所有权人和自然资源与自然生态保护主管机关行政许可后，使用权主体可依法行使该权利获取利益。

最后，还要严格界定国家公园自然资源有偿使用的条件和范围。国家公园自然资源有偿使用范围应该受到严格限制，仅允许国家公园自然资源综合体使用权人建设、拥有和使用供游憩观赏、科研、教育等目的的、适当的基础设施，而不允许其拥有处置国家公园和保护地自然资源的权利。国家公园内自然资源有偿使用的前提条件是不损害生态系统的原真性、完整性，确保其世代传承。

3. 明确国家公园自然资源和自然生态空间所有权行使中中央与地方政府的关系

依 3.2 节确定的明确国家公园自然资源所有权行使主体的总体原则，统筹考虑各国家公园生态系统功能重要程度、生态系统效应外溢性、是否跨省级行政区和管理效率等因素，界定各国家公园内全民所有自然资源资产所有权实际（代）行使主体，明晰中央政府与地方政府所有权职责。

5.2　国家公园自然资源产权体系改革完善方案

5.2.1　建立有利于国家公园自然资源资产统一管理的所有权体系

尊重国家公园的自然资源和自然生态系统的整体性、系统性及其内在规律，按照资源环境法律对八大类自然资源所有权、使用权的规定，考虑国家公园内自然资源产权安排现状，结合生态文明体制建设目标，对国家公园和各类保护地的自然资源产权体系进行改革完善，处理好国家公园各类自然资源或者自然资源综合体的国家所有权与集体所有权，以及国家所有权、集体所有权与使用权的关系，创新自然资源全民所有权和集体所有权的实现形式，形成有利于国家公园自然资源资产统一管理的单一国家所有或者国家与集体共有的所有权管理体系。具体包括：（1）统合国家公园自然资源国家所有权与农村集体所有权为国家所有权；（2）共享（共有）国家公园自然资源所有权。详细内容详见 3.2.1 节有关内容。

5.2.2　创设国家公园自然资源新型使用权体系

在统合管理国家公园自然资源的基础上，建议创设新型使用权体系，具体包括：

1. 国家公园自然资源综合体游憩经营权

国家公园自然资源综合体游憩经营权应该在改造现有的旅游经营权的基础上创设。国家公园自然资源管理法应该明确规定国家公园自然资源综合体游憩经营权人不仅具有投资建设并占用其建设的设施、使用国家公园自然资源综合体、收益、处分（是对国家公园自然资源综合体游憩经营权的处分，而非对国家公园自然资源综合体的处分）的权利，而且还应该有保护国家公园自然资源综合体不受损坏的责任。

国家公园自然资源综合体游憩经营权可以由国家公园管理部门以"招拍挂"的方式公开有偿出让。国家公园自然资源综合体游憩经营权应该具有转让、出租、抵押、担保、入股等权能，但不具有占有和处置国家公园内各类自然资源及其综合体的权能。

建立国家公园自然资源综合体游憩经营权资产交易平台，推动国家公园自然资源综合体游憩经营权公开有偿出让，严禁国家公园自然资源综合体游憩经营权无偿或低价出让。

2. 国家公园自然资源综合体特许经营权

设立债权性质之协议，通过特许经营的方式，签订合同，对国家公园自然资源进行使用，这是当前普遍存在的一种对自然资源使用的方式。特许权经营合同应根据国家公园的自然资源稀缺性、保护需求和市场需求，由所有权人与使用权人对合同内容进行商议签订。合同内容应能明确体现国家公园自然资源与自然生态系统服务及其有偿使用费。设立国家公园自然资源特许经营权的优越性是该方式在当前景区经营中普遍存在，只在此基础上规范内容即可。

3. 探索设立国家公园自然资源综合体地役权

在我国未确立地役权制度之前，很多原本应当作为地役权的情形却按相邻关系来处理，直到 2007 年才在《物权法》中首次正式确立了地役权制度。但时至今日，地役权制度在我国的应用实践仍十分有限，全国各地国土资源行政部门的地役权登记数量也屈指可数。然而，地役权制度作为调节不动产间关系的先进制度，尤其是对于解决国家所有的自然资源作为旅游吸引物的间接使用价值的补偿，具有其他任何用益物权和相邻关系无可比拟的法律功用。由此可见，通过拓展地役权的应用类型，构建相应的保障机制，实现我国各类公园旅游开发管理中普遍存在的景区"需役"有偿性与自然景观和社区"供役"负担之补偿有法可依。依托地役权的概念，设立自然景观地役权，从土地权能中增加渠道，对国家公园自然资源进行合理利用。

土地产权关系是设立国家公园自然资源综合体地役权的基础。《物权法》（2007 年）第 162 条和第 163 条规定，"土地所有权人享有地役权或者负担地役权的，设立土地承包经营权、宅基地使用权时，该土地承包经营权、宅基地使用权人继续享有或者负担已设立的地役权""土地上已设立土地承包经营权、建设用地使用权、宅基地使用权等权利的,未经用益物权人同意,土地所有权人不得设立地役权"。同时,该法第 65 条规定:"地役权不得单独抵押。土地承包经营权、建设用地使用权等抵押的,在实现抵押权时,地役权一并转让"。国家公园自然资源综合体地役权应遵循地役权相关规定,建立于各项自然资源产权关系基础之上,具有从属性。

设立国家公园自然资源综合体地役权的优越性:一是优化对国家公园自然资源的利用,相比于取得建设用地使用权,运用地役权会更符合实际。建设用地使用权的主要目的及功能在于利用他人土地建造建筑物、构筑物及其附属设施并保有所有权(崔建远,2009)。地役权的目的及功能多样,不以利用他人土地建造构筑物及其附属设施为主要目的,依托地役权概念设立国家公园自然资源综合体地役权,看中的是对他人土地上自然资源的利用功能。二是相比于设定合同的债权关系达到对自然资源的利用,地役权更具有稳定性。债的关系具有相对性,只能拘束当事人,一旦邻地产权易手或被强制执行,该约定无法对抗受让方,风险不能排除(申卫星,2004)。三是地役权本质是以使供役地承受一定负担来扩增或提高需役地的利用价值,也就是说,地役权就是在能达到有利于需役地之目的的同时,不构成对供役地之使用的实质妨碍(朱广新,2007)。以地役权的方式对国家公园自然资源综合体进行利用,不会改变国家公园内的土地使用关系,供役地的权属不发生改变,且与传统地役权不同的是,地役权人可以没有特定的需役地。

地役权制度还可以有效解决国家公园范围中集体土地所有权、集体土地承包经营权、宅基地使用权、林木个人所有权与国家土地所有权及其国家公园管理权目标及其利益诉求不一致的问题。国家公园管理部门或者国家公园范围内国有土地的所有权代表可以按照国家公园自然资源保护规划要求与国家公园范围内的集体土地所有权人、集体土地承包经营权人、宅基地使用权人和林木个人所有权人签订长期购买使用其土地和林木的地役权协议,并将该协议在不动产登记系统中予以登记。

总之,设立国家公园自然资源综合体地役权,是一种利用土地所承载的国家公园自然资源综合体获取收益的权利。地役权人按照合同约定,利用土地所承载的自然资源以提高自己的(不动产)效益。这种方式的优点是,更多地体现出了地役权的内容灵活性,容易操作和实现,同时将债权关系物权化。

5.3　建立国家公园自然资源统一管理机构行使管理权

5.3.1　建立国家公园自然资源统一管理机构

要整合目前分散在环保、水利、林业、住建、国土等部门的相关自然保护地自然资源管理职能，结合生态环境保护管理体制、自然资源资产管理体制和自然资源监管体制改革趋势，按照建立自然资源统一管理体制的要求，在自然资源统一管理部门成立专门管理国家公园和保护地的自然资源管理部门，由此部门单独统一行使国家公园等自然保护地的自然资源管理职责。

国家公园自然资源管理机构采取垂直领导方式，负责对国家公园的自然资源资产实行统一管理、统一规划、统一保护，通过规划指导落实资源用途管制、严格保护、节约和合理开发利用。采取管理权和经营权分离，国家公园自然资源管理机构负责对区内资源的保护、管理和监督工作。

5.3.2　建立健全国家公园自然资源监管制度

加强国家公园自然资源开发利用监管是确保国家公园自然资源有效管理的重要保障。按照全面覆盖、全程监管、科技支撑、体系完善、有力有效的要求，构建国家公园自然资源综合监管体系。

1.　建立国家公园自然资源调查评价制度

统一规划、协调开展国家公园各类自然资源本底情况调查评价和生态系统监测预警工作，明确各项自然资源要素调查评价和监测预警的范围和规程，统一技术规范和标准体系，提高调查评价数据成果的准确性、系统性、权威性和实用性，健全信息共享机制，形成国家公园自然资源"一张图、一套数、一盘棋"，全面、准确、及时掌握我国自然资源"家底"，着力维持生态服务功能，提高生态产品供给能力。

2.　健全完善国家公园自然资源保护利用考核机制

实行国家公园资源保护成效考核评估、自然资源资产离任审计及生态环境损害责任追究制度，按照"先易后难、先实物量后价值量"的原则，探索编制国家公园自然资源资产负债表，为地方政府和相关领导干部对国家公园自然资源管理目标考核、离任审计和责任追究提供科学依据。

3. 构建体系完整、功能互补的多元监管体系

充分发挥卫星、遥感、信息等现代化技术对国家公园自然资源监管的支撑作用，建立以全天候遥感监测为主的监管方式。建立"两随机、一公开"随机抽查监管方式，减少监管成本，提高监管效率。构建社会诚信体系，拓宽和畅通社会公众、新闻媒体参与监管的途径，着力构建行政执法、行政监督、舆论监督、公众监督和社会诚信相结合的监管体系。

5.3.3　建立健全国家公园自然资源有偿使用制度

在除国家公园核心保护区域以外的，具有观光、休闲等旅游开发价值的自然生态空间，实施有偿使用制度。按照所有权、管理权、经营权分离要求，有偿处置公园自然资源综合体新型使用权——游憩经营权、特许经营权和国家公园自然资源综合体地役权。

1. 合理收取国家公园自然生态空间有偿使用费

坚持使用者付费原则，国家公园自然资源所有权代表在综合评估基础上，可以出让、出租、作价出资（入股）等方式整体有偿处置自然生态空间，收取的有偿使用费纳入财政预算统一管理，主要用于自然生态空间的保护。

2. 建立国家公园自然生态空间经济价值评估办法和制度

以各项自然资源产权关系为基础，从各项自然资源综合形成的整体景观价值出发进行评价，研究建立自然生态空间经济价值评估办法和制度。

5.4　创新补偿机制，保障国家公园自然资源权益人合法权益

5.4.1　建立国家公园自然资源权益补偿机制

为了实现保护自然生态系统的原真性和完整性的目的，国家公园要始终突出自然生

态系统的严格保护、整体保护、系统保护，必然会对划入国家公园范围内及其周边自然资源物权带来更多限制，如矿业权被限制或清退、土地开发经营权受限等，损害了自然资源权益人的合法权益，剥夺了这些区域自然资源权益人公平发展的权利，因此，必须创新补偿机制，对为保护和恢复生态环境及其功能而付出代价、做出牺牲的单位和个人进行补偿，保障自然资源权益人合法权益。

1. 建立以政府为主导的生态补偿体系

由于环境资源的外部性、生态建设的特殊性和市场自身的缺陷，生态补偿模式应以政府主导型为主。国家公园强调以国家利益为主导的国家代表性及全民共享生态系统服务功能的公益性，其自然生态环境具有明显的公共产品属性，应由政府供给。在建立国家公园生态补偿机制时，强调生态公益建设服务就是重在强调政府的主体责任，对自然资源物权受限下的受损权利人应当给予必要的政府扶持。一方面是要加大财政转移支付向国家公园，尤其是重点生态功能区倾斜的力度，另一方面要引导财税金融、绿色产业发展等政策向国家公园地区倾斜，完善国家公园生态保护和生态补偿政策。

2. 构建科学的国家公园生态补偿标准核算体系

建立起清理、核查、勘测、统计受限权利人自然资源的实物形态和价值形态的存量，并跟踪、统计自然资源产权变动情况，加速建立对该类自然资源价值的核算体系，科学评估资源环境的价值，合理确定补偿标准。加强生态保护补偿效益评估，完善生态补偿成效与资金分配挂钩的激励约束机制。

3. 鼓励多种形式的补偿方式

纵向补偿和横向补偿相结合。除了加强中央对地方，尤其是对国家公园所在地区的资金补偿和政策补偿外，更要鼓励受益地区与国家公园所在地区通过资金补偿方式建立横向补偿关系。

连续性补偿和单次补偿相结合。国家公园的建设是一个循序渐进的过程。而对于资源权益者来说，丧失了部分或者全部自然资源物权的权益，换言之，他们丧失了部分或全部赖以生存的生产资料。为了保障国家公园社区居民的利益，使其能获得公平的发展权利，至少在 5～8 年内，国家和地方政府要连续对这部分权益人实施补偿，以推动其生产经营方式的逐步转型。而对于一些重点生态保护区域，应实行"生态移民"安置，其具体办法可以是一次性发给移民搬家费，再给予工作就业机会或分给承包地。但具体的补偿方式应与自然资源物权所有人协商，充分尊重权益人的意愿（叶知年，2007）。

货币补偿和非货币补偿相结合。货币化补偿是最直接、最常见的一种补偿方式，在积极落实资金保障货币化补偿的同时，鼓励使用多种非货币化补偿方式。一是政策补偿，政府应给予国家公园及周边社区财税金融、绿色产业发展、就业保障等方面的优惠政策，汇集生态保护资金，引导产业转型发展，提升社区居民生活保障等。二是技术补偿，补偿主体开展技术服务，提供无偿技术咨询和指导，培训因自然资源受到合理限制的权利人的生产技能和管理水平，帮助社区居民发展替代产业，形成自我发展机制，使外部补偿转化为自我积累能力和自我发展能力，补偿社区居民放弃原有生产方式所付出的发展权限制的损失，增加社区居民收入和提高生活水平。三是资源置换。利用国家公园外数量及质量相当的资源与自然资源物权所有人置换，形成生态环境整体保护，资源异地开发利用，保护与发展平衡发展的良性循环。例如，通过土地置换方式推动国家公园内的原住居民的工厂和居住地搬迁。又如矿业权退出国家公园时，可以积极探索储量等值置换、鼓励转产转型发展等模式。

4. 构建多元化的补偿资金来源渠道

（1）各级财政生态专项补偿。目前进行较多的是国家财政专项补偿，国家作为生态效益补偿的主要提供者，即作为生态补偿基金的主要来源，由各级政府在财政预算中安排一定的资金用于补偿生态环境利益外溢问题。但这种单一的补偿渠道离实际需要相差甚远，今后要逐步建立起国家财政补偿同区域内财政补偿及部门补偿相结合的补偿机制。建立不同层级的利益补偿系统、中央补偿系统和地方补偿系统，与之相对应的是中央补偿资金和地方补偿资金，中央资金主要针对全局性的补偿问题，而各省、市等地方政府可以就本地区生态环境项目设立地方补偿资金，并可在补偿计划上单列出对物权受限人的补偿（李云燕，2011）。

（2）建立生态建设补偿基金。可以由国家涉农部门和环保部门牵头建立"生态环境建设补偿基金"，首先由国家财政拨款作为垫底资金，在此基础上，号召有关企业、组织和个人捐赠，这既可为社会环保人士提供表达心愿的途径，又开辟了环保建设资金来源渠道。

5.4.2　构建国家公园内矿业权合理处置及其补偿机制

1. 目前自然保护区内矿业权处置的主要方式

目前，国土资源管理部门对于自然保护区内矿业权处置的方式主要有以下几类（张博，2017）：

（1）与自然保护区重叠的探矿权不予办理转采登记。探矿权与自然保护区重叠的，按照国家法律法规的规定，不予批准划定矿区范围和采矿登记，在自然保护区调整范围或转采探矿权扣除与自然保护区重叠部分后，再对转采探矿权进行处置，在此之前探矿权继续办理保留。

（2）与自然保护区重叠的矿区所压覆的资源禁止开采。与自然保护区有部分重叠的矿业权，开采矿体部分位于自然保护区内，为保障自然保护区不受矿山开发影响，审批登记机关提出自然保护区压覆的资源不准进行开采。

（3）通过办理采矿权短期延续，逐步退出自然保护区。自然保护区内采矿权由于尚有少量资源未采尽，采矿权人在申请延续登记时，提出了退出自然保护区的工作方案，逐步关闭采选设备或进行采选分离，确定的矿山关闭退出日期在环保部门要求的整改期限之前，并已开展全区的矿山环境恢复治理和土地复垦，审批登记机关按照矿山关闭退出的时限办理采矿权的短期延续。

（4）征得自然保护区主管部门同意的情况下办理采矿登记。矿业权重叠部分不在自然保护区的核心区和缓冲区，且在自然保护区设立之前矿业权已存在，属于矿权设置先于自然保护区的情况，需征求自然保护区主管部门同意继续开展工作的意见。

（5）已设置的商业探矿权、采矿权和取水权要限期退出。2015 年环境保护部、国家发展和改革委员会、财政部等 10 部委联合发布了《关于进一步加强涉及自然保护区开发建设活动监督管理的通知》，其中除规定自然保护区内禁止开矿、采石等活动，还提出保护区内已设置的商业探矿权、采矿权和取水权要限期退出。对于自然保护区设立之前已存在的合法探矿权、采矿权和取水权，以及自然保护区设立之后各项手续完备且已征得保护区主管部门同意设立的探矿权、采矿权和取水权，规定需分类提出差别化的补偿和退出方案，在保障探矿权、采矿权和取水权人合法权益的前提下，依法退出自然保护区核心区和缓冲区。

目前，各省在"必须退"的政策背景下，探索依法逐步退出自然保护区内原有的探矿权、采矿权，并取得了一些进展。

青海国土资源厅于 2013 年确认祁连山省级自然保护区范围调整后处于自然保护区内的矿业权共有 25 个。其中，19 个涉及保护区面积较小的探矿权及 1 个 2014 年度投放的探矿权，已通过缩减探矿权范围、退回探矿权申请材料等措施，有序退出祁连山省级自然保护区范围。对剩余 5 个涉及祁连山省级自然保护区的矿业权，青海国土资源厅提出了分类处置意见：其中 1 个财政出资探矿权，结题并予以注销；1 个过期探矿权根据相关规定予以注销；1 个有效探矿权办理探矿权保留手续，保留期间不得开展勘查工作；2 个采矿权停止一切矿山生产活动，进行生态环境整治，整治验收合格并取得林业、环保部门同意意见后，限定开采年限，逐步有序退出。

重庆市国土资源和房屋管理局制定的《重庆市自然保护区内矿业权差别化退出工作方案》明确，自然保护区内已设置的商业探矿权、采矿权限期退出；自然保护区设立之前已存在的合法探矿权、采矿权，以及自然保护区设立之后各项手续完备且已征得保护区主管部门同意设立的探矿权、采矿权，分类提出差别化的补偿和退出方案，在保护探矿权人、采矿权人合法权益的前提下，依法退出自然保护区核心区和缓冲区；禁止社会资本进入自然保护区探矿，保护区内探明的矿产只能作为国家战略储备资源。截至 2016 年年底，全市自然保护区内探矿权 21 宗，已退出 11 宗；采矿权 58 宗，已退出 31 宗。同时，要求自然保护区内所有探矿权、采矿权于 2018 年年底前全部退出。

2. 完善国家公园内矿业权处置方式

整合原有各类保护地基础上设立的国家公园，在设立之前就必然面临着在重要生态保护区域内已经存在各类矿业权的现实。必须结合国家公园的功能定位，借鉴目前自然保护区内矿业权处置实施的经验，在充分保护矿业权人合法权益的基础上，合理处置国家公园内的矿业权。

（1）划定国家公园面积时要充分考虑已经存在的矿业权。国家公园管理部门要联合国土、环保、林业、水利等部门，通过遥感、地理信息系统、实地核查等手段，开展预定区域各类保护地内矿产资源勘查开发及历史遗留矿山等基本情况全面调查工作，掌握矿业权具体坐标范围。充分论证国家公园划定范围及功能分区，尽量减少国家公园划定范围与已设矿业权相重叠。对于经过多次研究论证，确实因为生态保护、珍贵稀缺物种保护等原因划入国家公园范围中存在已设矿业权的，应当分类处置，将矿业权逐步退出国家公园。

（2）彻底清理国家公园范围内违法违规勘查开采项目。严格执行《中华人民共和国自然保护区条例》、《国务院办公厅关于做好自然保护区管理有关工作的通知》（国发〔2010〕63号）、《中华人民共和国矿产资源法》及实施细则等法律法规，对于在自然保护区内违法违规勘查开采矿产资源的项目，一律依法予以清理。

（3）国家公园范围内不再新设商业性探矿权和采矿权。国家公园是我国自然保护地的最重要类型，属于全国主体功能区规划中的禁止开发区域，纳入全国生态保护红线区域管控范围，实行最严格的保护，因此，国家公园范围内不再新设商业性探矿权和采矿权。国土资源管理部门在矿业权出让、审批登记时应请国家公园主管部门协助审核拟新设矿业权是否位于国家公园范围内，避免因各部门信息不一致造成"违法行政许可行为"。

（4）统筹安排国家公园内矿业权有序退出。国家公园内已有矿业权要做好退出方案、确定退出时限：小矿、露天开采的采矿权应最先安排退出；服务年限较长的大型矿山不再办理矿区扩界，并在规划期内完成退出，在有限的开采期限中边开采边进行矿山环境恢复治理和土地复垦；勘查开采期限短期内即将到期的应不再延续，并在开展矿山环境恢复治理和地质资料汇交等工作后进行注销。

（5）完善矿业权退出分类补偿机制。矿业权退出方案的确定应由政府部门主导，通过联席会议让各部门及矿业权人共同商讨。a. 要求退出国家公园的矿业权，其矿业权人可依据《中华人民共和国行政许可法》的有关规定提出补偿申请，申请货币补偿的，矿业权人应对矿山剩余资源储量向管理机关进行报备，有关机构对矿业权价值的评估结果应作为补偿标准的依据之一，综合考虑矿业权人义务履行情况，确定补偿金额。矿业权退出补偿资金应列入政府预算或相关专项资金中。b. 同时积极探索储量等值置换、鼓励转产转型发展等模式，引导自然保护区内矿山企业关闭、转产，发展其他绿色产业。对于主动关闭保护区内矿山，又想继续从事矿产资源勘查开采活动的矿业企业，予以特殊照顾，探索研究以协议出让方式，在保护区外的区域授予一定区域面积开展矿业活动。

（6）做好矿业权退出后的生态恢复治理。矿业权人作为资源开发者应承担恢复生态环境的责任，在退出国家公园的过程中进行生态补偿。对于依法关闭的历史遗留矿山，应由地方政府组织开展矿山地质环境治理恢复和土地复垦，做好采矿权闭坑工作。同时应借鉴退耕还林、宅基地退出复垦的成功经验，制订相关的激励措施，推进矿业权人主动开展生态修复和矿山环境治理，环保、安全、林业等多部门应进行交叉监管。

第 6 章　中国国家公园国土空间用途统一管制的措施和建议

6.1　国内各类保护地生态空间用途管制现状

6.1.1　各类保护地分区管理现状

对我国现有的自然保护区、风景名胜区、森林公园、地质公园和海洋特别保护区进行功能分区梳理，结果见表 6-1。

表 6-1　各类保护地功能分区与管制措施

保护地类型	主要功能	分区名称	划分范围	管制措施	分区依据
自然保护区	保护自然生态系统,维持生物多样性	核心区	自然保护区内保存完好的天然状态的生态系统以及珍稀、濒危动植物的集中分布地,应当划为核心区	禁止任何单位和个人进入。原则上不允许进入从事科学研究活动。因科学研究需要，必须进入核心区从事科学研究观测、调查活动的,应当事先向自然保护区管理机构提交申请和活动计划，并经省级以上人民政府有关自然保护区行政主管部门批准；其中，进入国家级自然保护区核心区的，必须经国务院有关自然保护区行政主管部门批准	1994 年颁布、2006 年修订的《中华人民共和国自然保护区条例》是自然保护区功能区划分的基本依据。2008 年国家林业局颁布《自然保护区功能区划技术规程》具有重要指导作用
		缓冲区	核心区外围可以划定一定面积的缓冲区	只准进入从事科学研究观测活动。禁止在自然保护区的缓冲区开展旅游和生产经营活动。因教学科研的目的，需要进入自然保护区的缓冲区从事非破坏性的科学研究、教学实习和标本采集活动的,应当事先向自然保护区管理机构提交申请和活动计划，经自然保护区管理机构批准	

保护地类型	主要功能	分区名称	划分范围	管制措施	分区依据
自然保护区	保护自然生态系统，维持生物多样性	实验区	缓冲区外围划为实验区	可以进入从事科学试验、教学实习、参观考察、旅游以及驯化、繁殖珍稀、濒危野生动植物等活动。在国家级自然保护区的实验区开展参观、旅游活动的，由自然保护区管理机构提出方案，经省、自治区、直辖市人民政府有关自然保护区行政主管部门审核后，报国务院有关自然保护区行政主管部门批准；在地方级自然保护区的实验区开展参观、旅游活动的，由自然保护区管理机构提出方案，经省、自治区、直辖市人民政府有关自然保护区行政主管部门批准	1994 年颁布、2006 年修订的《中华人民共和国自然保护区条例》是自然保护区功能区划分的基本依据。2008 年国家林业局颁布《自然保护区功能区划技术规程》具有重要指导作用
风景名胜区	为人们提供游览、休息或进行科学、文化活动的场所和机会	特级保护区	（《风景名胜区规划规范》）风景区内的自然保护核心区以及其他不应进入游人的区域。应以自然地形地物为分界线，其外围有较好的缓冲条件	在区内不搞任何建筑设施	风景区规划纲要、风景名胜区总体规划、风景区详细规划三类规划为法定规划。主要以 1999 年的规范和 2006 年的条例及相关政府文件作为法定依据
		一级保护区	在一级景点和景物周围划出一定范围与空间作为一级保护区，宜以一级景点的视域范围为主要划分依据	可以安置必要的步行游憩道路和相关设施，严禁建设与风景无关的设施，不得安排旅宿床位，机动交通工具不得进入	
		二级保护区	在景点范围内，以及景区范围之外的非一级景点和景物周围应划入二级保护区	可以安排少量旅宿设施，但必须限制与风景游憩无关的建设，应限制机动交通工具进入	
		三级保护区	在风景区范围内，对以上各级保护区之外的地区划分为三级保护区	应该有序控制各项建设与设施，并应与环境相协调	
地质公园	保护地质遗迹，提供科普教育基地、观光旅游	特级保护点（区）	特级保护点（区）是指科学价值极高且易于受损的地质遗迹点（区）	特级保护点（区）不允许游客进入，以保护和科研为目的的人员经地质公园管理部门批准后方可进入。点（区）内不得设立与地质遗迹保护无关的建筑设施	《地质遗迹保护管理规定》、《国家地质公园规划编制技术要求》（国土资发〔2016〕83 号）
		一级保护区	世界级和国家级地质遗迹集中分布的区域。对国际或国内具有极为罕见和重要科学价值的地质遗迹实施一级保护，非经批准不得入内	经设立该级地质遗迹保护区的人民政府地质矿产行政主管部门批准，可组织进行参观、科研或国际交往。可以设置必要的游憩步道和相关设施，但必须与景观环境协调，严格控制游客数量，禁止机动交通工具进入	

保护地类型	主要功能	分区名称	划分范围	管制措施	分区依据
地质公园	保护地质遗迹，提供科普教育基地、观光旅游	二级保护区	省级地质遗迹集中分布的区域。对大区域范围内具有重要科学价值的地质遗迹实施二级保护	经设立该级地质遗迹保护区的人民政府地质矿产行政主管部门批准，可有组织地进行科研、教学、学术交流及适当的旅游活动。允许设立少量的、与景观环境协调的地质旅游服务设施，不得安排影响地质遗迹景观的建筑。合理控制游客数量	《地质遗迹保护管理规定》、《国家地质公园规划编制技术要求》（国土资发〔2016〕83号）
		三级保护区	具有科普及游览价值的一般地质遗迹分布区。对具有一定价值的地质遗迹实施三级保护	经设立该级地质遗迹保护区的人民政府地质矿产行政主管部门批准，可组织开展旅游活动。可以设立适量的、与景观环境协调的地质旅游服务设施，不得安排楼堂馆所、游乐设施等大规模建筑	
海洋特别保护区	保护和恢复特定海洋区域的生态系统及其功能	重点保护区		实行严格的保护制度，禁止实施各种与保护无关的工程建设活动	《海洋特别保护区管理办法》
		适度利用区		在确保海洋生态系统安全的前提下，允许适度利用海洋资源。鼓励实施与保护区保护目标相一致的生态型资源利用活动，发展生态旅游、生态养殖等海洋生态产业	
		生态与资源恢复区		根据科学研究结果，可以采取适当的人工生态整治与修复措施，恢复海洋生态、资源与关键生境	
		预留区		严格控制人为干扰，禁止实施改变区内自然生态条件的生产活动和任何形式的工程建设活动	

　　森林公园、湿地公园、自然遗迹、水利风景名胜区、生态功能保护区等保护地没有进行严格的分区管理。

　　我国的自然保护区、风景名胜区、地质公园、海洋特别保护区都实行分区管理，但有着不同的功能，资源的可利用程度和保护强度不同，管理目标也不同。如自然保护区功能区的划分主要参考世界生物圈保护区的"三区模式"，即核心区、缓冲区和实验区，并对不同的功能区实行有针对性的管理策略（表 6-1）。《自然保护区条例》明确规定，在自然保护区内禁止进行砍伐、放牧、狩猎、捕捞、采药、开垦、烧荒、开矿、采石、挖沙等活动，法律、行政法规另有规定的除外。在自然保护区组织参观、旅游活动的，必须按照批准的方案进行，并加强管理，进入自然保护区参观、旅游的单位和个人，应当服从自然保护区管理机构的管理。严禁开设与自然保护区保护方向不一致的参观、旅游项目。风景名胜区规划编制中存在着多种分区类型，如功能分区、景区划分、保护区划分，以及几种方法协调并用进行的划分。表 6-1 是针对风景保护严格程度进行的四级分区。依据《风景名胜区规划规范》，风景保护的分类还包括生态保护区、自然景观保护区、史迹保护区、风景恢复区、风景游览区和发展控制区。针对各分区有相应的管理措施，如生态保护区是指对风景区内有科学研究价值或其他保存价值的生物种群及其环境所划出的一定范围与空间，可以配置必要的研究和安全防护性设施，禁止游人进入，不得搞任何建筑设施，严禁机动交通及其设施进入。《风景名胜区管理暂行条例》规定，风景名胜区的土地，任何单位和个人都不得侵占。在风景名胜区及其外围保护地带内的各项建设，都应当与景观相协调，不得建设破坏景观、污染环境、妨碍游览的设施。在游人集中的游览区内，不得建设宾馆、招待所以及休养、疗养机构。在珍贵景物周围和重要景点上，除必需的保护和附属设施外，不得增建其他工程设施。

6.1.2　各类保护地分区管制存在的问题

一是缺少统一的分区标准，分区界限模糊。如自然保护区分区规定较为模糊，由于缺少本底资源的全面调查，功能区多是人为定性划分，主观随意性较大。再如，风景名胜区从不同角度进行的功能分区、景区划分和保护区划分，在一定程度上推动了保护地的发展，但分区之间缺乏有效衔接，比较混乱和随意。如在组织景观和游赏特征时进行了景区划分，而在保护区分类中又划出了风景游览区，保护区划与生态分区也有交叉部分。

此外，各类保护地的分区与管制要求也存在差异。自然保护区从立法上明确其功能偏重"保护自然环境与自然资源"，而非合理利用自然资源。风景名胜区则更多强调旅游利用以满足大众需求，分区标准和管制要求自然也不尽相同。

二是分区设置未充分考虑实际情况，科学合理性有待提高。首先，对生态系统的完整性重视不足，如自然保护区常划分出多个核心区，且相互独立成片，某种程度上割裂了生态系统的完整性。自然保护区相对来说有较为完整的生态系统，而其他类型保护地多以一种自然资源为主，某种程度上更容易割裂生态系统的山水林等要素和结构的完整性。其次，缓冲区的设置不合理。有些保护区的核心区外无缓冲区或缓冲区设置不合理，相邻保护区之间缺少管理协调，在一定程度上影响了自然保护区的管理。最后，分区未充分考虑原住居民的需求，易造成社会矛盾。如自然保护区核心区和缓冲区中有居民居住和生产生活区域，没有将保护区内存在的必要人类活动区域划分出来，或者是没有采取合理的方式使核心区和缓冲区的原住居民有序迁出，极易造成保护地同当地居民之间的矛盾，也不便于执法、监督和管理。

　　三是管理权责分散，缺少统一的资源分区管理体制。一方面是规划不衔接，分区管制难发力。如风景区规划与村镇规划由不同的部门编制和审批，按照《村庄和集镇规划建设管理条例》中规定，除城市规划区内的村庄、集镇外，其他地区村庄、集镇规划的编制和监督实施权在乡级政府，审批权在县级政府，这使得一些风景区中不符合风景区规划的建设项目都具有合法的审批手续，景区规划难控制景区内村镇的发展。再如，在含有自然保护区、森林公园的风景区中，按国家和林业部门规定，分别编制各自规划，并报相应的主管部门审批，因管理机构不统一和部门利益冲突，部门审批通过的规划也难以制约属地违反规划进行开发建设。另一方面是自然资源用途分区管制不统一，管理分散。我国已经建立了包括耕地、森林、草原、水域等自然资源的用途管制制度。虽然上述各类保护区进行了分区管理，但各个生态空间的保护和管控，依然按照资源要素分散在国土、林业、农业、水利、城乡建设等各个部门，管理权责分散，有待建立统一的管理体制。

6.1.3　国家公园试点分区管理状况及存在的问题

　　当前国家公园试点分别对公园进行了分区管理，根据试点方案整理了 9 个试点区的具体分区与管理措施，结果见表 6-2。

表 6-2　国家公园试点功能分区管理

国家公园试点	功能分区	范围	管理措施
武夷山国家公园试点区	特别保护区	保护天然状态的生态系统、生物进程以及珍稀、濒危动植物的集中分布区域，包括自然保护区的核心区和缓冲区、风景名胜区的一级保护区	特别保护区内的生态系统必须维持自然状态，禁止任何人为活动的干扰和破坏
	严格控制区	保护具有代表性和重要性的自然生态系统、物种和遗迹分布区域，包括自然保护区的实验区、风景名胜区的二级保护区	严格控制区内，可以进入从事科学研究、实验监测、教学实习以及驯化、繁殖珍稀、濒危野生动植物等活动，可以安置必要的步行游览道路和低干扰生态旅游设施。严禁开展与自然保护区保护方向不一致的参观旅游项目
	生态修复区	生态修复重点区域，是向公众进行自然生态教育和遗产价值展示的区域，包括风景名胜区的三级保护区和九曲溪上游保护带（不含村庄区域）	严格控制旅游开发和利用强度，允许游客进入，但只能安排少量管理及配套服务设施，禁止建设与生态文明教育及遗产价值展示无关的设施

国家公园试点	功能分区	范围	管理措施
武夷山国家公园试点区	传统利用区	原住居民生活和生产的区域	允许原住居民开展适当的生产活动,或者建设公路、停车场、环卫设施等必要的生产生活、经营服务和公共基础设施,其选址、规模和风格等应当与生态环境相协调
南山国家公园试点区	严格保护区	原金童山国家级自然保护区的核心区、部分缓冲区和实验区;原南山国家级风景名胜区南山片区的一级保护区、二级保护区;原白云湖国家湿地公园十万古田片区、新增区域的山顶一线区域	(1)原则上禁止人类活动及机动车进入,因科研或资源保护需要的须先得到试点区管理机构的同意; (2)禁止建设任何建筑物、构筑物、生产经营设施等; (3)在国家公园法出台前,执行自然保护区核心区和缓冲区、风景名胜区核心景区、湿地公园的湿地保育区等相关保护要求
	生态保育区	原金童山国家级自然保护区的部分缓冲区和实验区;原南山国家级风景名胜区南山片区的部分三级保护区;新增区域的山腰一线区域	(1)作为严格保护区的外围缓冲区域,保护级别稍弱于严格保护区; (2)只允许建设资源保护、科研监测类建筑物、构筑物、设施,现有与保护无关的设施应有计划的迁出; (3)动植物资源原则上自然发展,必要区域可适度人工干预
	公园游憩区	原金童山国家级自然保护区的部分实验区;原南山国家级风景名胜区南山片区的部分三级保护区;新增区域的部分区域;公路沿线	(1)作为大众游憩的主要展示区域,在满足最大环境承载力、不破坏自然资源等条件下,允许机动车进入,适度开展观光娱乐、游憩休闲、餐饮住宿等旅游服务; (2)旅游服务设施尽量集中建设,尽可能减少利用面积
	传统利用区	原南山镇区、各村居民点所在区域、基本农田区域、牧业利用区域、水电站区域、南山风电区域	(1)结合国家公园资源保护与游憩发展的目标,引导试点区内居民可持续利用自然资源进行生产生活; (2)控制区内的民居建设及风貌; (3)通过建立生态补偿机制、社区参与机制等方式强化区内居民资源保护意识,引导其行为; (4)严格控制牧业规模和风电场的运营,严格管理水电站,条件成熟时予以退出

国家公园试点	功能分区	范围	管理措施
东北虎豹国家公园试点区	严格保护区	长白山国家级自然保护区的核心区、长白山火山国家地质公园的部分地质遗迹集中保护区	
	生态保育区	长白山国家级自然保护区的缓冲区、部分实验区、长白山火山国家地质公园部分地质遗迹集中保护区及部分需要恢复的原林业局所属林地面积	
	游憩展示区	长白山国家级自然保护区部分实验区、长白山火山国家地质公园人文景观区、景区服务区、公路沿线和部分林场	
	传统利用区	各经济区、主题功能区（林场）、部分乡镇社区所在区域，基本农田、水资源等资源有限利用区域	
香格里拉普达措国家公园试点区	严格保护区（26.2%）	试点区范围内自然生态系统保存最完整或者核心资源分布最集中、自然环境最脆弱的区域	
	生态保育区（65.8%）	生态保育是试点区范围内维持较大面积的原生生态系统或者已遭到不同程度破坏而需要自然恢复的区域	
	游憩展示区（4.6%）	游憩展示区是试点区范围内展示自然风光和人文景观的区域；试点区内已建有基础设施和旅游设施、已开发旅游线路的区域，以及部分保护价值较低但景观价值较高的空间划入游憩展示区	充分利用现有的基础设施，尽量减少新建项目。将位于碧塔海自然保护区的 2004 年修建的 8 km 防火通道划入游憩展示区，用于教育展示、环保车的通行。此通道穿越了严格保护区，但在使用中仅允许车辆通行，人员不能下车游览，道路两边也采取了边坡植物防护、固定等生态防护措施，以减少对严格保护区的干扰和影响
	传统利用区（3.4%）	传统利用区是试点区范围内原住居民生产、生活集中的区域	
大熊猫国家公园试点区	核心保护区	包括原有自然保护区和缓冲区、风景名胜区的核心景区、森林公园生态保育区、大熊猫分布高密度区、国家一级公益林中的大熊猫适宜栖息地	强化保护和自然恢复为主，禁止生产经营活动，确保生态系统原真性，提高生态系统服务功能
	生态修复区	核心保护区外的大熊猫栖息地、局域种群交流重要廊道	生态修复区以保护和修复为主，是核心栖息地的重要屏障，实施必要的人工干预措施，加快生态退化区域的修复
	科普游憩区	重要生态旅游与环境教育资源、核心保护区与生态修复区之外的生态旅游区域及通道	此区域在强化资源保护管理的同时，留出适度空间满足公众科研、教育和游憩需要
	传统利用区	居民聚居区、居民传统利用的交通通道、成片非野生物用作栖息地的经济林	传统利用区结合当地传统民俗文化以及地域、生态与资源特色，适度发展生态产业，合理控制生产经营活动

国家公园试点	功能分区	范围	管理措施
北京长城国家公园试点区	长城文物保护范围		对于长城文物保护范围的建设项目,严禁增量,逐渐削减存量
	长城周边建设控制地带		结合未来"国家公园总体规划"要求,加强监督管理,对区域内建设强度、建筑高度、色彩、格局、历史风貌、环境安全等做出严格限制
三江源国家公园试点区	核心保育区（73.55%）	以自然保护区的核心区和缓冲区范围为基线,衔接区域内自然遗产提名地、国际和国家重要湿地核心区域和国家级水产种质资源保护区、国家水利风景区等的核心区边界,以及野生动物关键栖息地进行划定	按照自然遗产提名地的管控标准,严控人类活动,禁止新建与生态保护无关的所有人工设施。施行长期全面禁渔;禁止开展商业性、经营性生产活动;加强区域野生动物（鱼类）种群监测和生态系统定期评价;实施冰川雪山区和高寒沼泽区封禁保护,严禁非科考以外的一切人为活动;实施湿地保护和封禁工程,确保湿地生态系统健康;全面禁止生产性畜牧活动;加强野生动物及其栖息地监测,开展定期评价
	生态保育修复区（4.81%）	核心保育区外生态保护和修复重点区域	该区以强化保护和自然恢复为主,实施必要的人工干预恢复措施,加强退化草地和沙化土地治理、水土流失防治、天然林地保护,实施严格的禁牧、休牧、轮牧,逐步实现草畜平衡
	传统利用区（21.64%）	为核心保育区和生态保育修复区之外的区域,生态状况总体稳定,是当地牧民的传统生活、生产空间,是国家公园与区外的缓冲和承接转移地带	对于生活区域,严格管控乡镇政府所在地及社区、村落的现状建设用地;传统利用区内除生活区域外的其他区域,严格落实草畜平衡政策,适度发展生态畜牧业,合理控制载畜量,保持草畜平衡
神农架国家公园试点区	严格保护区（53.5%）	神农架国家公园核心资源最为集中、自然生态系统最为脆弱、最具保护价值的区域,包括神农架川金丝猴及其他珍稀动物的核心活动区及部分潜在活动区、珍稀濒危植物集中分布区、典型植被带或原生群落保存完整区、泥炭藓适宜生境、典型地质遗迹最重要保护地或生态系统极敏感区域（即核心资源保护重要性评价结果的极重要区域）及国家公园范围内相关保护地规划的核心区和缓冲区范围	禁止在严格保护区内新建任何建筑物、构筑物等设施,原则上禁止人员进入,确因科研监测需要进入的,须征得国家公园管理机构的书面同意,且不得有破坏性行为,以期最大限度地维持自然生态系统和动植物栖息地的完整性和原始性。在严格保护区分界处设立界碑或界桩,并设置相应的警示牌和宣传牌

国家公园试点	功能分区	范围	管理措施
神农架国家公园试点区	生态保育区（39.6%）	生态保育区是自然生态系统保存较为完整、对核心资源起到保护和缓冲作用、延伸被保护资源的潜在发展区域，或是生态系统亟须恢复或完善的区域。国家公园规划范围内川金丝猴及其他珍稀动物的潜在活动区、珍稀濒危植物一般分布区、典型植被带或群落保存较完整区、泥炭藓较适宜生境、地质遗迹较重要保护地或生态系统高度敏感区域（即核心资源保护重要性评价结果的高度重要区域），主要分布在国家公园范围内相关保护地规划的实验区或保育区	生态保育区的生境及植被恢复在遵照自然规律的基础上，允许适度的人工干预，禁止开展多种经营和游憩活动；只允许建设必要的保护、监测及科教设施，严禁住宿、餐饮、娱乐等开发建设行为
	游憩展示区（3.5%）	游憩展示区是集中承担国家公园游憩、展示、科普、教育等功能的区域。主要分布在国家公园范围内相关保护地规划的实验区，包括神农顶景区、大九湖部分区域、官门山景区、龙降坪景区等	可开展与国家公园保护目标协调的科普展示、公众宣教、生态游憩等活动，在环境影响评估的基础上，允许必要的科教、解说、游览、安全、环卫等基础设施建设，可适当设置观光、游憩等服务设施。该区域必须执行严格的环境影响评价程序，实施规划审批备案等机制；实施特许经营管理；控制游客总量，售票实行预约制，减少对生态环境的影响；设置专业的导游、标识及解说系统；游客必须遵守公园旅游管理规定，禁止破坏公共服务设施；禁止刻画涂污、随地便溺、乱扔垃圾、大声喧哗等不文明行为
	传统利用区（3.4%）	传统利用区是当地居民生产和生活的区域，包括基本农田区域，森林、水资源的有限利用区域，由诸多小区域组成	传统利用区以社区参与文化资源展示及生态旅游活动为主，可开展对自然生态系统无明显影响的生产、经营活动。国家公园管理局与社区成立共管委员会，引导社区居民参与国家公园管理，建立新型国家公园居民点体系；鼓励社区居民参与特许经营，从事可持续发展的生产活动；加强居民用水、用火管理，加大环境保护宣传力度；禁止乱砍滥伐，乱捕滥猎，乱采滥挖，毁林开荒；禁止经营性采石开矿、挖沙取土；禁止超标排放废水、废气和倾倒废弃物；禁止擅自引入、投放、种植不符合生态要求的生物物种

国家公园试点	功能分区	范围	管理措施
钱江源国家公园试点区	核心保护区（28.49%）	保存完整的自然生态系统和生物栖息地、空间连续的核心分布区、自然环境脆弱的地域。包括古田山国家级自然保护区核心区和缓冲区、钱江源国家森林公园的特级和一级保护区	禁止新建、改建、扩建任何与防洪、保障供水和保护水源等无关的建设项目。禁止从事可能污染饮用水水体的活动。杜绝任何对亚热带阔叶林生态系统有干扰和破坏的人为活动。严禁任何单位和个人非法采摘、挖掘、移植、引种、出卖和收购区内珍稀濒危物种。除经批准的科研活动外禁止任何单位和个人进入，也不得开展旅游和生产经营活动
	生态保育区（48.84%）	维持较大的原生生境或已经遭到不同程度破坏而需要自然恢复的区域，为核心保护区的生态屏障。包括古田山国家级自然保护区的实验区、钱江源国家森林公园二级和三级保护区以及连接两处的有林地	不得建设污染环境、破坏资源或者景观的生产设施；加强对保护区的原生生境和已经遭到不同程度破坏而需要自然恢复的区域进行控制和管理，对重点保护植物种质资源视情况开展迁地保护。建设项目污染物排放不得超过国家和地方规定的排放标准
	游憩展示区（6.27%）	开展与国家公园保护目标相协调的游憩活动，展示大自然风光和人文景观的区域。包括古田山庄，齐溪、长虹、田畈居民点集中的区域	控制游客容量，不改变原有自然景观与文化遗产原真性；建设不与自然环境相冲突的自然与文化遗产参观、体验、宣教、解说设施。对于拟开展的基础设施建设，严格执行环境影响评价制度
	传统利用区（16.40%）	试点范围内现有社区生产、生活及开展多种经营的区域。包括长虹、齐溪东部区域	保护古村落及古建筑，在修缮和保护利用古建筑民居时，禁止与周边环境相冲突，在不影响自然资源、文化遗产和主要保护对象的前提下，可开展生态林业、生态农业、传统文化展示等利用活动

从功能区的划分数量而言，北京长城国家公园体制试点根据主要保护对象（长城）的特点，分为两个功能区；三江源国家公园体制试点分为核心保育区、生态保育修复区和传统利用区三个功能区。除以上两个试点外，其他 7 个国家公园体制试点（武夷山、南山、东北虎豹、普达措、大熊猫、钱江源、神农架）均将国家公园分为四个区域进行管制。

从分区的功能而言，除武夷山、北京长城和三江源国家公园体制试点区外，其余 6 个国家公园体制试点均划出了公园游憩区（具体名称或有差异），用于开展科普展示、公众宣教、生态游憩等活动；除北京长城试点区外，其余 8 个试点区均设立了传统利用区，考虑了原住居民的生产生活空间。

由此可见，我国国家公园试点范围内人为干扰和利用程度相对较高，问题和矛盾也多出现于此。如果国家公园按相关要求全部划入生态保护红线范围内，原则上红线范围内的区域为禁止开发区，那么先于国家公园设置的矿业权或其他开发项目，按照国家公园的管制要求，需要逐渐退出公园区，这些合法权益人的权益会受到损失。此外，国家公园范围内原住居民的资源利用行为会受到限制，包括对土地的利用，尤其是建设用地需符合国家公园规划，农民的权益会受到损失，易产生矛盾。

6.2　国外国家公园生态空间用途管制特点与启示

6.2.1　功能分区及资源限制性利用

管理分区（management zoning）是国家公园对园区进行分类管理的技术。为了不使游览活动对国家公园的自然生态系统和自然景观造成改变和破坏，对国家公园范围内的生态空间（土地）一般实行分区制。国外国家公园功能分区和资源利用情况如下（黄丽玲，2007）：

美国国家公园功能分区：原始自然保护区，无开发，人、车都不能进入；特殊自然保护区和文化遗址区，允许少量公众进入，有自行车道、步行道和露营地，无其他接待设施；公园发展区，设有简易的接待设施、餐饮设施、休闲设施、公共交通和游客中心；特别使用区，单独开辟出来做采矿或伐木用的区域。

加拿大国家公园功能分区：严格保护区，不允许公众进入，只有经严格控制和许可的非机动交通工具能进入；荒野区，允许非机动交通工具进入，允许对资源保护有利的少量分散的体验性活动，允许原始的露营以及简易的、带有电力设备的住宿设施；自然环境区，允许非机动交通以及严格控制下的少量机动交通进入，允许低密度的游憩活动和小体量的、与周围环境协调的供游客和操作者使用的住宿设施，以及半原始的露营；户外娱乐区，户外游憩体验的集中区，允许有设施和少量对大自然景观的改变，可使用基本服务类别的露营设备以及小型分散的住宿设施；公园服务区，允许机动交通工具进入，设有游客服务中心和园区管理机构，根据游憩机会安排服务设施。

日本国家公园分为特级保护区、特别地区（Ⅰ类）、特别地区（Ⅱ类）、特别地区（Ⅲ类）和普通区。特级保护区要求风景不受破坏，有严格的保护措施，有步行道，允许游人进入；特别地区（Ⅰ类）在特级保护区之外，尽可能维持风景完整性，有步行道和居民；特别地区（Ⅱ类）有较多游憩活动，可以建设一些不影响原有自然风貌的休憩场所，有机动车道；特别地区（Ⅲ类）在对风景资源基本无影响的区域，可以集中建设游憩接待设施，建筑风格力求与当地自然环境和风俗民情相协调；普通区域主要指当地居民居住区，在管理上较为宽松，但如果发生超过一定规模的设施建设或采矿等行为时，需向国家提出申请。

韩国国家公园分为自然保存区、自然环境区、居住区和公园服务区。在自然保存区内，允许学术研究，有最基本的公园设施建设，如军事、通信、水源保护等最基本设施，以及恢复扩建寺院。

表 6-3　国外国家公园各分区面积比重

国家	不同功能区占总面积的平均比例			
	严格保护区	重要保护区	限制性利用区	利用区
美国	原始自然保护区 95%	特殊自然保护区/ 文化遗址区	自然环境区（公园发展区）	特别利用地区
加拿大	特别保护区 3.25%	荒野区 94.1%	自然环境区 2.16%	户外娱乐区 0.48% 公园服务区 0.09%
日本	无	特别保护区 13% 特别地区（Ⅰ类）11.3%	特别地区（Ⅱ类）24.7% 特别地区（Ⅲ类）22.1%	普通地区 28.9%
韩国	无	自然保存区 21.6%		居住地区 1.3% 公园服务区 0.2%

6.2.2　特点与启示

1. 国家公园分区管理具有差异性，应结合我国实际对国家公园进行分区管理

各国国家公园在分区管理上有一些相似性，即将保护和利用的功能分开进行管理，类似同心圆模式，从中心到外围各功能区的保护性逐渐降低、利用性逐渐增强。但根据各国经济发展水平和人口分布密度差异，国家公园在协调资源保护与发展方面所起的作用程度并不相同。加拿大和美国的国家公园都划出了严格保护区，并将严格保护区和重要保护区作为公园的主体部分，同时设有不同游憩体验的功能区域；日本和韩国的国家公园都没有设立严禁公众进入的严格保护区，将限制性利用区作为公园的主体部分，并且还有专门的居住区，满足当地居民生产、生活需要。

可见，分区是协调资源保护与开发的有效手段，分区应结合中国实际情况和特点，依据公园设立的目标、人地紧张程度和保护区域内开发利用程度进行合理划分。总体上，国家公园分区应该根据保护对象的分布、生活习性、保护要求等具体情况来因地制宜地进行分区，划分的区域应从相对的严格保护逐渐过渡到有各种不同人类活动的区域。根据保护区域的自然地理特征也有呈带状分布情况，如北京长城国家公园试点，主要分为带状保护区和外围缓冲区。落实到具体保护地分区时，应根据保护地所属类型、保护和管理工作目标，以及面临的具体问题等考虑适宜的分区模式。分区的目的是保护资源和缓解矛盾，而不能促进矛盾升级。对于原属各类保护地外围的其他用地类型，在周边居民较多的情况下可以设置外围缓冲区允许初级农、牧、水利等需要，注意保护性利用，禁止工矿业、城镇、商用等开发。应加大国家公园内自然资源的本地调查与监测力度。对国家公园内的各项自然资源及生态系统状况进行全面详尽的调查，并进行定期监测，动态掌握保护对象的状态。根据国家公园内保护对象的特点，可以采取静态与动态相结合的功能区划模式，如在不同的季节采取适应性管理对策。

2. 国家公园以保护自然生态为主要目的，公园内资源限制性利用以保护所有者合法权益为基础

国家公园内资源利用的矛盾主要集中在土地资源、矿产资源等的开发利用，涉及自然资源所有者的合法权益问题。

美国法律对国家公园给予了严格保护，公园设立后严禁新的勘查开采活动。但在1976年之前仍然允许在6个国家公园内进行找矿、采矿。1976年美国国会通过法律停止继续在这6个公园内新设矿业权，对公园里已经存在的合法矿业权予以尊重，但实施了更为严格的管理措施，增加了开采成本、提高了修复标准和要求，逐渐使国家公园内的矿产资源开发利用行为减少、停止。

美国国家公园管理局对国家公园内的土地资源予以保护。对于公园界区内存在的非联邦土地，国家公园管理局可以在现有法律和规则框架下进行征收，依据土地交易和审批政策收购土地或其权益，并进行相应补偿，此项权力受到监督，并需经国会同意。如果土地所有权人拒绝国家公园管理局征收其土地，国家公园管理局只能尊重所有权人的意愿，转而与地方政府达成合作协议。国家公园管理局会与联邦机构、部落、州和地方政府、非营利组织及产权人合作，提供适当的保护措施（Management Policies 2006）。土地权属问题通常在国家公园申报成立之前解决，避免申报成功后再产生纠纷。

　　由上可知，对国家公园自然资源进行合理限制性利用，应以保护权益人合法权益为基础，避免矛盾升级。在中国，国家公园划定之后，应严禁设置矿业权。在国家公园划定之前存在的矿业权，对于中央财政出资的矿业权，全面停止；对于社会商业出资的矿业权，可通过补偿、置换等方式有序退出。国家公园范围划定时，应及时与各部门进行沟通，避免出现其他部门在国家公园范围界限不清楚的情况下，继续设置矿业权等活动。

　　美国的国家公园，权属关系的处理前置于公园申请阶段。中国因自然生态空间的权属关系复杂，在国家公园试点划定之后，还存在权属不清的问题，成为国家公园自然资源管理的一大制约。应根据实际情况，在人口密度相对较大，人类干扰程度相对较高的区域，国家公园划定范围要酌情考虑，适当缩小范围。对国家公园内集体所有的自然资源，应在确权登记基础上，厘清自然资源权属关系，以保障权益人合法权益为基础，通过合同等方式设立自然资源综合体地役权，或通过流转、租赁、补偿等方式，达到对集体所有的自然资源统一管理的目的。

6.3　中国国家公园生态空间用途管制对策建议

　　国家公园生态空间用途管制范围和内容。国家公园生态空间用途管制是为保证国家公园自然资源和生态空间的保护和合理利用，通过编制国家公园规划、依法划定国家公园生态空间用途分区，确定国家公园生态空间（自然资源）使用限制条件，实行用途变更许可的一项强制性管理制度，是一种对划入国家公园范围的自然资源和生态空间进行保护和利用的约束机制。

　　国家公园生态空间用途管制，涵盖划入国家公园范围的所有自然生态空间（管制范围）。不仅控制各项建设对国家公园生态空间的占用，也控制国家公园生态空间与其他自然生态空间，以及国家公园生态空间内部不同功能用途的相互转化（管制内容）。

　　国家公园生态空间用途管制体现在两个层面。一是国家公园作为我国自然保护地的重要类型之一，属于全国主体功能区规划中的禁止开发区域，纳入全国生态保护红线区域管控范围，实行最严格的保护；二是单个国家公园应根据自然资源类型、权属等特点，编制国家公园总体规划及专项规划，合理划定功能分区，实行差别化保护管理。

6.3.1　国家公园应符合生态保护红线空间管控要求

1.　生态红线范围内的国家公园空间管控

国家公园按生态保护红线的优先地位进行管理。生态保护红线划定后，相关规划要符合生态保护红线空间管控要求，不符合的要及时进行调整。生态保护红线内的农业用地，建立逐步退出机制，恢复生态用途。国家公园属于禁止开发区，严禁不符合功能定位的各类开发活动，严禁任意改变用途。国家公园内不得开展任何损害或者破坏自然资源、人文资源和生态环境以及其他与国家公园保护目标不相符的建设活动，有关建设项目应当符合总体规划和专项规划，并依法办理有关审批手续。已建、在建的建设项目不符合总体规划和专项规划要求的，应当依法逐步进行改造、拆除或者迁出。

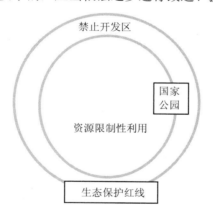

图 6-1　国家公园纳入生态保护红线范围

2.　生态保护红线范围内国家公园自然资源权属安排与管理

一是分级行使所有权。国家公园内全民所有的自然资源资产所有权由中央政府和省级政府分级行使。依据国家公园生态功能重要性，部分国家公园的全民所有自然资源资产所有权由中央政府直接行使，其他的委托省级政府代理行使。

二是成立国家公园管理机构对国家公园实行统一用途管制。生态保护红线是生态空间用途管制的有力举措，生态保护红线范围原则按禁止开发区进行管控，主要是以主体功能区规划为依据。而国家公园生态空间用途管制的落实是以土地用途管制为基础的，当前国土资源部已印发《自然生态空间用途管制办法（试行）》，对自然生态空间用途管制做出了严格规定。国家公园作为自然生态空间的一部分，且划定在生态保护红线范围内，必然将实行更为严格的国家公园生态空间用途管制措施。而只有国家公园总体规划与国土空间规划和土地利用总体规划有效衔接，才能提高保护效能，实现在保护的前提下对资源的合理利用，形成以利用促保护的用途管制格局。故建议国家公园管理机构暂由国家发展和改革委员会和国土资源部相关单位共同组建成立，发挥主体功能区规划和国土空间规划的最大组合优势。

国家公园管理机构受委托负责国家公园内全民所有的资源资产保护、管理和运营，行使国家公园内的自然资源管理和国土空间用途管制职责，对非国有自然资源资产的使用依法行使管理权。国家公园内集体所有的土地，在充分征求其所有权人、承包权人意见基础上，优先通过租赁、置换等方式规范流转，或通过合作协议等方式实现统一有效管理。

三是集体所有的土地及其他自然资源，在进行统一确权登记基础上，做到产权明晰。在划定国家公园之前，对于集体所有的土地和其他自然资源集中分布的区域，要考虑排除在国家公园范围之外，避免造成因不同空间范围内用途管制要求不同而产生的对自然资源利用的矛盾。对于划入国家公园范围内的集体所有的自然资源，应在国家公园功能分区时予以充分考虑，有效衔接国家公园空间规划与未划入国家公园之前的土地利用规划，保障所有者权益。

6.3.2　国家公园内应实行国土空间分区、分类管控

国家公园属于禁止开发区，但禁止开发区不应"一禁了之"，应根据中国国情，构建统一、规范、高效的中国特色国家公园体制，在与生态保护方向一致的前提下，允许对资源进行合理的限制性利用。恰当的分区是自然资源保护和规划的前提，是解决资源保护与开发利用矛盾最有效的方法和工具。

1.　国家公园功能分区

分区管理是结合国家公园设立目标和人地紧张程度，以保护程度和利用程度进行的区域功能划分。综合考虑资源分布、环境特点、土地权属、土地利用、区内居民分布情况以及功能特征、管理需要等，对国家公园进行分区，一般可分为 4 个功能区，各区名称拟定为：严格保护区、生态保育区、公园游憩区和传统利用区。可根据实际情况，增减功能分区（如有些国家公园可能不用确立传统利用区，有些国家公园可能只有严格保

护区和外围缓冲区）。

严格保护区是自然生态系统保存最完整或者核心资源分布最集中、自然环境最脆弱的区域，该区域内的生态系统必须维持自然状态，禁止任何人为活动干扰和破坏。在严格保护区内，禁止建设任何建筑物、构筑物、生产经营设施等。严格禁止任何单位和个人擅自占用和改变用地性质，在国家公园法出台前，执行自然保护区核心区和缓冲区、风景名胜区特级保护区等相关保护要求，严格维持自然生态空间的原真性。

生态保育区作为严格保护区的外围缓冲区域，保护级别稍弱于严格保护区，是国家公园范围内维持较大面积的原生生态系统或者已遭到不同程度破坏而需要自然恢复的区域，可以进入从事科学研究、实验监测、教学实习以及驯化、繁殖珍稀、濒危野生动植物等活动。禁止开展除保护和科研以外的活动，禁止建设除保护、监测设施以外的建筑物、构筑物。现有与保护无关的设施应有计划地迁出。

公园游憩区是展示自然风光和人文景观的区域，作为大众游憩的主要展示区域，在满足最大环境承载力、不破坏自然资源等条件下，允许机动车进入，适度开展观光娱乐、游憩休闲、餐饮住宿等旅游服务。旅游服务设施尽量集中建设，尽可能减少利用面积。严禁开展与保护区保护方向不一致的参观游览项目。

传统利用区是原住居民生产、生活集中的区域。允许原住居民开展适当的生产活动，或者建设公路、停车场、环卫设施等必要的生产生活、经营服务和公共基础设施。控制区内居民建设及风貌。

2. 生态保护红线、功能分区与现有保护地关系

国家公园分区管理是在生态保护红线的基础上展开的。生态保护红线内的国家公园，根据功能分区和土地用途管制的特点，可以分为三级管控。

国家公园是中国自然保护地体系中的一个新的类型，在设立国家公园标准后，符合国家公园标准的自然保护地直接转为国家公园，或者一个区域内符合国家公园标准的多个自然保护地进行整合组建国家公园。国家公园建立后，在相关区域内不再保留或设立其他自然保护地类型。将国家公园功能分区与现有各个保护地分区进行对应分析，可为整合组建国家公园提供参考。与现有各类保护地相衔接，国家公园功能分区、土地利用与现有保护地对应范围见表6-4。

表 6-4　国家公园功能分区、土地利用与现有保护地对应范围

与红线的关系	分级管控	功能分区	土地利用	现有保护地对应范围
生态保护红线范围内	一级管控区	严格保护区	禁止建设	自然保护区的核心区、缓冲区；风景名胜区的特级保护区
	二级管控区	生态保育区（生态修复区）	限制建设	自然保护区的实验区；国家级一级生态公益林；风景名胜区的一级、二级保护区；地质公园的一级、二级保护区
	三级管控区	公园游憩区	合理建设	风景名胜区的三级保护区；地质公园的三级保护区；森林公园；湿地公园
		传统利用区		

　　一级管控对应国家公园严格保护区，从土地利用角度而言是禁止建设区，对应现有保护地中自然保护区的核心区和缓冲区，风景名胜区中的特级保护区；二级管控对应国家公园的生态保育区（生态修复区），是限制建设区域，仅限于科研、监测等活动建设，对应自然保护区的实验区、国家级一级生态公益林、风景名胜区的一级和二级保护区、地质公园的一级和二级保护区；三级管控对应国家公园的游憩区和居民传统利用区，属于合理建设区域，在符合国家公园规划的前提下，可进行居民生产生活必需的建设，以及满足国家公园游憩功能的建设，对应现有保护地中风景名胜区的三级保护区、地质公园的三级保护区，以及森林公园和湿地公园中符合规划的游憩建设区和生产生活区。

3. 基于功能分区的分类管理

　　分类管理是根据土地及其承载的自然资源权属性质采取不同的管理措施。

　　国家公园强调全民公益性，应属全体国民所有。对于国家公园内国家所有的土地及自然资源，直接由国家公园管理机构进行统一管理，可实现其全民所有的公益属性。而对于国家公园内集体土地占比较高的情况，须按照法定条件和程序逐步减少国家公园范围内的集体土地，提高全民所有的自然资源资产的比例，或采取多种措施对集体土地等自然资源实行统一的用途管制。

　　国家公园内集体所有的土地及自然资源，在严格保护区和生态保育区内，在中央政策和资金支持下，可以通过征收方式将集体土地转化为国有，逐步实现生态移民搬迁。在无力征收或进行生态移民搬迁的情况下，由地方人民政府征求所有权人、使用权人同意，签订协议设立自然资源综合体地役权，明确双方的权利、义务，在不剥夺社区居民

土地收益权的前提下，实现国家公园的生态保护效能。对于游憩区内的土地，应在自然资源统一确权登记的基础上，充分征求所有权人、使用权人同意，采用租赁、置换等方式，吸纳自然资源集体所有者参与国家公园的经营管理，并获得相应的惠益。对于传统利用区内的集体土地，原则上维持原有的范围和管理关系不变。有条件的社区，在符合规划的前提下，可利用这部分土地开展农家乐等游客接待和服务活动（表 6-5）。

表 6-5　国家公园自然资源分类管理方式

自然资源权属	功能区	管理方式
国家所有	所有功能区	国家公园管理机构按功能分区要求进行统一管理
集体所有	严格保护区和生态保育区	将集体土地或自然资源征收为国有，进行生态移民变迁；签订协议设立地役权等，实现生态保护效能
	公园游憩区	采用租赁、置换等方式，吸纳自然资源集体所有者参与国家公园的经营管理
	传统利用区	引导集体土地所有者或使用者在符合规划前提下开展与公园管理经营相一致的建设利用

国家公园边界的外围地带，虽然不属于国家公园的管理控制范围，但会对国家公园内部自然资源产生不同程度的影响，因此，国家公园管理机构要与州、县、乡等各级政府、相关部门、游客群体、相邻土地的所有者等合作，确定并实现自然资源管理总目标，以此来保护受外部活动影响的、国家公园内部的自然资源。

6.3.3　国家公园空间用途管制机构的具体职能

国家公园管理机构受委托负责全民所有资源资产的保护、管理和运营，其中，关于空间用途管制方面的具体职能体现在以下方面：

一是编制国家公园规划。国家公园管理机构负责组织具有规划设计资格的单位编制国家公园总体规划和专项规划，由中央政府代为行使所有权的国家公园总体规划，报国务院批准后实施，并报国土资源部备案；由省人民政府代为行使所有权的国家公园总体规划，报省人民政府批准后实施，并报省国土资源厅备案。针对核心资源的保护与利用编制专项规划。经批准的总体规划和专项规划不得擅自改变，确需修改的，应当按程序经原批准机关批准。

国家公园总体规划应综合考虑区域发展规划、国土空间规划、土地利用规划、城乡规划以及现有的自然保护区、风景名胜区、世界遗产地总体规划等，根据国家公园的自然、人文、历史和现状情况进行编制。以"一张图"为统领，以生态保护红线为编制基础，按照国家公园管理目标，在严格保护区内禁止任何新增建设用地。在生态保育区预留必要的空间作为监测、科研建设等用地，禁止任何经济开发建设占用。结合现行土地利用总体规划，在公园游憩区预留必要的空间作为生态旅游项目建设用地，严格审批新增旅游项目，控制容积率下限。在传统居民利用区，预留必要空间作为居民生产生活建设用地，满足居民生活需求。

　　土地利用总体规划与国家公园总体规划不相符的区域，在严格保护区和生态保育区，通过生态移民搬迁、补偿等方式，逐渐退出原有建设项目，进行生态修复。在公园游憩区和传统居民利用区，确保国家公园生态空间规划与原有土地利用总体规划相衔接，避免出现符合村镇发展规划但不符合国家公园生态空间规划的建设项目。

　　二是落实用途管制。国家公园生态空间用途管制职能由国家公园管理机构依据国家公园总体规划和各专项规划的管制要求具体行使。省人民政府、发改、国土、林业、住建、环保、农业、水利、文化、工商、旅游及其他相关部门或者机构，按照各自职责做好国家公园保护和用途管制的有关工作。

　　三是实行用途转用变更许可制。划入生态保护红线内的国家公园，最低按生态保护红线要求进行用途变更管理，禁止新增建设占用生态保护红线内的国家公园生态空间。确因国家重大基础设施、重大民生保障项目建设等需要调整的，由省级政府组织论证，提出调整方案，经环境保护部、国家发展和改革委员会、国土资源部同有关部门提出审核意见后，报国务院批准。

　　四是行政执法与监督。国家公园管理机构统一行使行政执法权，发现违法违规行为的，应当依法依规予以查处。加大执法力度，对违法占用国家公园生态用地行为严肃查处、限期改正，依法追究相关责任人的法律责任。加强社会监督，鼓励公众和社会公众监督违规占用生态用地行为。

6.3.4　国家公园空间用途管制统一行使保障措施

1. 建立法律法规体系

　　以法律法规保障国家公园生态空间用途统一管制的实施。出台国家公园基本法，在国家公园基本法中明确国家公园生态空间实行用途管制制度。依法编制国家公园总体规划，规定国家公园生态空间用途，严格限制国家公园生态空间转换为农业空间和城镇空间。在国家公园基本法中明确国家公园功能分区划分标准及管理目标，严格管理各分区功能用途，依据各分区用途管理要求，对土地用途进行管制。建立国家公园生态空间用途转用许可制度。未经批准，擅自改变国家公园生态空间用途，或相关管理部门非法批准改变国家公园生态空间用途必将受到经济、行政或法律处罚。

2. 建立资源保护问责制度

建立国家公园功能分区内的自然资源保护问责制度，强化工作人员的责任意识和生态意识，依法履行国家公园生态空间用途管控与生态保护管理职责。生态保护红线范围不减少，严格保护区和生态保育区面积不减少，两区内核心资源数量不减少、质量不降低，公园游憩区和传统利用区内各项建设占用和实施项目符合国家公园总体规划和审批程序要求。

国家公园管理机构主要领导人是生态红线保护工作的第一责任人，分管领导是主要责任人。实行资源保护责任追究制度，建立自然资源资产离任审计制度，对各级领导干部进行自然资源资产离任审计。

3. 完善监测和监管机制

环境保护部、国家发展和改革委员会、国土资源部会同有关部门，在现有工作基础上，建设和完善生态保护红线综合监测网络体系，在国家公园内布设相对固定的监控点，及时掌握生态保护红线监测数据和国家公园生态空间变化情况，建立信息共享机制，并定期向社会发布。

在国家公园生态环境和自然资源监测工作基础上，建立国家公园功能分区用途监管机制。授权国家公园管理机构对各功能分区的管理目标进行监管，对有违功能分区要求的建设项目、旅游项目等，依法进行相应的经济、法律和行政处罚。加强社会群体对国家公园分区保护的认知力度，逐步引领社会群体对国家公园进行监督。

4. 提供生态补偿经济保障

生态保护红线范围内的国家公园是禁止开发区，因主要承担生态环境保护功能，会减少或失去发展机会而影响经济发展水平的提高。中央和省级政府应通过生态补偿机制、财政转移支付等政策措施和体制机制，加大对国家公园的建设保护，促进基本公共服务均等化。

对国家公园内因依法征收或通过租赁、地役权设置等方式进行用途管制而造成权益受损的原住居民，应当依法给予补偿。对地方政府采取措施有计划迁出的国家公园原住居民，依法给予补偿或者安置。

5. 加强社区居民参与合作

分区管理虽然是减少社区冲突、实现可持续发展的一种有效方式，但只有居民愿意遵循各功能分区的设计和用途时，分区管理才能得以有效实施。应加强社区合作，通过法律保障公众的参与权，使周边社区居民和相关利益方参与到国家公园功能区划过程中，逐渐培养周边群众对邻近保护地的主人翁意识，充分发挥分区管理的效能。

参考文献

[1] 蔡立力. 我国风景名胜区规划和管理的问题与对策[J]. 城市规划，2004（10）：74-80.

[2] 常永翔. 私营资本开发旅游景区法律问题研究[D]. 太原：山西财经大学，2010.

[3] 陈军，成金华. 完善我国自然资源管理制度的系统架构[J]. 中国国土资源经济，2016，29（1）：42-45.

[4] 陈沁. 我国自然资源产权制度安排的路径选择[J]. 知识经济，2016（6）：15-16.

[5] 陈炜. 自然资源资产离任审计框架体系研究[D]. 济南：山东师范大学，2017.

[6] 崔建远. 地役权的解释论[J]. 法学杂志，2009，30（2）：42-45.

[7] 邓毅，康芬. 自然资源国有资产产权制度体系研究[J]. 行政事业资产与财务，2015（31）：4-6，26.

[8] 董祚继. 统筹自然资源资产管理和自然生态监管体制改革[J]. 中国土地，2017（12）：8-11.

[9] 段帷帷. 论自然保护地管理的困境与应对机制[J]. 生态经济，2016，32（12）：187-191.

[10] 郭子良，王清春，崔国发. 我国自然保护区功能区划现状与展望[J]. 世界林业研究，2016，29（5）：59-64.

[11] 国土资源部，中央编办等七部委. 自然资源统一确权登记办法（试行）[Z]. 2016.

[12] 国家质量监督检验检疫总局. GB/T 21010—2017 土地利用现状分类[S]. 2017.

[13] 国土资源部信息中心课题组. 国外自然资源管理的基本特点和主要内容[J]. 中国机构改革与管理，2016（5）：25-28.

[14] 国务院. 关于划定并严守生态保护红线的若干意见[Z]. 2017.

[15] 韩相壹. 韩国国立公园与中国国家重点风景名胜区的对比研究[D]. 北京：北京大学，2003.

[16] 侯鹏，杨旻，翟俊，等. 论自然保护地与国家生态安全格局构建[J]. 地理研究，2017，36（3）：420-428.

[17] 黄丽玲，朱强，等. 国外自然保护地分区模式比较及启示[J]. 旅游学刊，2007（3）：18-25.

[18] 黄萍. 自然资源使用权制度研究[D]. 上海：复旦大学，2012.

[19] 黄锡生，徐本鑫. 中国自然保护地法律保护的立法模式分析[J]. 中国园林，2010，26（11）：84-87.

[20] 黄贤金，杨达源. 山水林田湖生命共同体与自然资源用途管制路径创新[J]. 上海国土资源，2016，

37（3）：1-4.

[21] 黄小虎. 关于自然资源管理体制改革[J]. 土地经济研究，2016（1）：1-17.

[22] 姜伟. 我国农用水权制度研究[D]. 青岛：中国海洋大学，2006.

[23] 康京涛. 自然资源资产产权的法学阐释[J]. 湖南农业大学学报（社会科学版），2015，16（1）：79-84.

[24] 孔祥雨，范建双. 国内土地用途管制制度研究[J]. 中国房地产，2015（27）：38-49.

[25] 李华. 中国自然资源权属新探[D]. 武汉：武汉大学，2004.

[26] 李倩. 确保自然资源统一确权登记符合生态文明体制改革方向[N]. 中国国土资源报，2017-11-28（001）.

[27] 李如生. 美国国家公园管理体制[M]. 北京：中国建筑工业出版社，2013.

[28] 李松森，夏慧琳. 自然资源资产管理体制：理论引申与路径实现[J]. 东北财经大学学报，2017（4）：47-54.

[29] 李小双，张良，李华，等. 浅析自然保护区功能分区[J]. 林业建设，2012（2）：24-27.

[30] 徐荣海. 国外土地征收制度[EB/OL]. http://blog.sina.com，2016.

[31] 李晓妹. 县级登记——独特的美国土地登记制度[N]. 中国国土资源报，2003-09-02.

[32] 李云燕. 我国自然保护区生态补偿机制的构建方法与实施途径研究[J]. 生态环境学报，2011，20（12）：1957-1965.

[33] 刘伯恩. 自然资源管理体制改革发展趋势及政策建议[J]. 中国国土资源经济，2017，30（4）：18-21.

[34] 刘冲. 城步国家公园体制试点区运行机制研究[D]. 长沙：中南林业科技大学，2016.

[35] 刘丽，陈丽萍，吴初国. 国际自然资源资产管理体制概览[J]. 国土资源情报，2015（2）：3-8.

[36] 刘明辉，孙冀萍. 论"自然资源资产负债表"的学科属性[J]. 会计研究，2016（5）：3-8，95.

[37] 刘尚希，陈少强. 加拿大和美国矿业资源税费制度及对我国的启示[J]. 地方财政研究，2012（2）：69-74，80.

[38] 刘尚希. 自然资源设置两级产权的构想——基于生态文明的思考[J]. 经济体制改革，2018（1）：5-11.

[39] 刘廷兰. 国内自然资源产权研究知识图谱分析[J]. 资源开发与市场，2017，33（4）：447-450，472，514.

[40] 刘雨桦. 自然资源所有权统一确权登记研究[J]. 中国不动产法研究，2016，14（2）：67-75.

[41] 罗倩. 我国风景名胜区风景资源管理对策与评价初探[D]. 北京：北京林业大学，2008.

[42] 马永欢，吴初国，苏利阳，等. 重构自然资源管理制度体系[J]. 中国科学院院刊，2017，32（7）：757-765.

[43] 潘竟虎,徐柏翠. 中国国家级自然保护地的空间分布特征与可达性[J]. 长江流域资源与环境,2018（2）：353-362.

[44] 彭琳,赵智聪,杨锐. 中国自然保护地体制问题分析与应对[J]. 中国园林,2017,33（4）：108-113.

[45] 祁帆,高延利,贾克敬. 浅析国土空间的用途管制制度改革[J]. 中国土地,2018（2）：30-32.

[46] 祁帆,李宪文,刘康. 自然生态空间用途管制制度研究[J]. 中国土地,2016（12）：21-23.

[47] 强真. 以土地用途管制促进国土生态文明建设[J]. 中国国土资源经济,2015,28（8）：13-16.

[48] 申卫星. 地役权制度的立法价值与模式选择[J]. 现代法学,2004,26（5）：16-21.

[49] 施志源. 自然资源用途管制的有效实施及其制度保障——美国经验与中国策略[J]. 中国软科学,2017（9）：1-9.

[50] 石璐. 土地用途变更管制制度研究[D]. 成都：西南财经大学,2007.

[51] 斯佳琳. 自然资源单元登记的法律问题研究[J]. 法制与经济,2016（12）：39-41.

[52] 宋马林,杜倩倩,金培振. 供给侧结构性改革视阈下的环境经济与自然资源管理——环境经济与自然资源管理学术研讨会综述[J]. 经济研究,2016,51（4）：188-192.

[53] 苏雁. 日本国家公园的建设与管理[J]. 经营管理者,2009（23）：222.

[54] 苏杨,郭婷. 建立国家公园体制 强化自然资源资产管理[N]. 中国环境报,2017-11-20（003）.

[55] 唐文倩. 构建国有自然资源资产化管理新模式[J]. 中国财政,2017（16）：32-34.

[56] 唐小平,栾晓峰. 构建以国家公园为主体的自然保护地体系[J]. 林业资源管理,2017（6）：1-8.

[57] 田美玲,方世明,冀秀娟. 自然保护类国家公园研究综述[J]. 国际城市规划,2017,32（6）：49-53.

[58] 王蕾,卓杰,苏杨. 中国国家公园管理单位体制建设的难点和解决方案[J]. 环境保护,2016,44（23）：40-44.

[59] 王廷. 基于土地用途管制的土地发展权流转研究[J]. 中国集体经济,2017（10）：59-60.

[60] 王应临,杨锐,埃卡特·兰格. 英国国家公园管理体系评述[J]. 中国园林,2013,29（9）：11-19.

[61] 魏铁军,马永欢,吴初国. 摸清自然资源家底 推进统一确权登记[N]. 中国国土资源报,2017-02-16（005）.

[62] 肖兴威,姚昌恬,陈雪峰,等. 美国森林资源清查的基本做法和启示[J]. 林业资源管理,2005（2）：27-33,42.

[63] 黄向. 中加国家公园（自然景区）自然游憩资源管理比较研究——以加拿大 BPNP、中国鼎湖山和丹霞山为例[D]. 广州：中山大学,2007.

[64] 杨杰. 加拿大不列颠哥伦比亚省和阿尔伯塔省的自然资源确权登记[J]. 国土资源情报,2016（6）：37-41,21.

[65] 杨圣勇. 风景名胜区规划分区与土地利用规划关系研究[D]. 上海：同济大学，2008.

[66] 杨世忠. 环境会计主体：从"以资为本"到"以民为本"[J]. 会计之友，2016（1）：14-17.

[67] 叶知年. 论自然资源物权受限下的生态补偿机制[J]. 福建政法管理干部学院学报，2007（2）：37-41.

[68] 张博，利广杰. 自然保护区内矿业权退出面临问题及对策[J]. 中国矿业，2017，26（4）：1-3，27.

[69] 张富刚. 自然资源产权制度改革如何破局[J]. 中国土地，2017（12）：12-15.

[70] 张富刚. 自然资源与不动产登记制度改革的协同创新[J]. 中国土地，2018（2）：33-35.

[71] 张海霞，钟林生. 国家公园管理机构建设的制度逻辑与模式选择研究[J]. 资源科学，2017，39（1）：1-19.

[72] 张梓太. 自然资源法学[M]. 北京：北京大学出版社，2007.

[73] 赵培培，窦明，董四方，等. 我国地下水资源用途管制制度框架设计[J]. 人民黄河，2016，38（7）：39-43.

[74] 赵智聪，彭琳，杨锐. 国家公园体制建设背景下中国自然保护地体系的重构[J]. 中国园林，2016，32（7）：11-18.

[75] 郑晓曦，高霞. 我国自然资源资产管理改革探索[J]. 管理现代化，2013（1）：7-9.

[76] 中共中央，国务院. 生态文明体制改革总体方案[Z]. 2015.

[77] 中共中央办公厅，国务院办公厅. 建立国家公园体制总体方案[Z]. 2017.

[78] 中央编办二司课题组. 关于完善自然资源管理体制的初步思考[J]. 中国机构改革与管理，2016（5）：29-31.

[79] 钟永德，俞晖. 国家公园体制比较严峻[M]. 北京：中国林业出版社，2015.

[80] 周璞，刘天科，靳利飞. 健全国土空间用途管制制度的几点思考[J]. 生态经济，2016，32（6）：201-204.

[81] 周魏捷. 地下水物权登记问题研究——以自然资源统一确权登记为背景[J]. 青岛农业大学学报（社会科学版），2017，29（2）：61-66.

[82] 朱党生，张建永，王晓红，等. 推进我国水生态空间管控工作思路[J]. 中国水利，2017（16）：1-5.

[83] 朱广新. 地役权概念的体系性解读[J]. 法学研究，2007（4）：24-41.

[84] 朱明，史春云. 国家公园管理研究综述及展望[J]. 北京第二外国语学院学报，2015，37（9）：24-33.

[85] Primack R B，马克平，蒋志刚. 保护生物学[M]. 北京：科学出版社，2014.

[86] Ali D A，Deininger K，Duponchel M. New Ways to Assess and Enhance Land Registry Sustainability: Evidence from Rwanda[J]. World Development，2017：99.

[87] Aymoz B G P，Randrianjafy V R，Randrianjafy Z J N，et al. Community Management of Natural Resources：A Case Study from Ankarafantsika National Park，Madagascar[J]. Ambio，2013，42（6）：767-775.

[88] Flores R，Black C，Ibáñez A. A New Species of Heliconia（Heliconiaceae）with Pendent Inflorescence，from Chucantí Private Nature Reserve，Eastern Panama[J]. Phytokeys，2017，77（77）：21-32.

[89] François Bétard. U.S. National Parks. Pioneering Steps in the Management of Natural Resources. Ce numéro thématique de la revue Dynamiques Environnementales，consacré à quelques-uns des pl.. 2015：377-378.

[90] Hong W，Guo R，Su M，et al. Sensitivity Evaluation and Land-use Control of Urban Ecological Corridors：A Case Study of Shenzhen，China[J]. Land Use Policy，2017，62：316-325.

[91] Islam K，Rahman M F，Jashimuddin M. Modeling Land Use Change Using Cellular Automata and Artificial Neural Network：The Case of Chunati Wildlife Sanctuary，Bangladesh[J]. Ecological Indicators，2018，88：439-453.

[92] Mckinley D C，Miller-Rushing A J，Ballard H L，et al. Citizen Science Can Improve Conservation Science，Natural Resource Management，and Environmental Protection[J]. Biological Conservation，2017，208：15-28.

[93] Mutandwa E，Wibabara S，Mutandwa E，et al. Natural Resources and Household Incomes among Rural Women：Analysis of Communities Domiciled near National Parks in Rwanda[J]. Journal of International Womens Studies，2016，17.

[94] Ngutra R N，Putri E I K，Dharmawan A H，et al. Extraction of Natural Resources and Community Livelihoods Systems Change Region of the Cycloop Nature Reserve in Jayapura Papua[J]. Journal Sosiologi Pedesaan，2017（4）：36-42.

[95] O'Connell A F，Walker W H，Supernaugh W R，et al. The National Park Service Natural Resources Management Trainee Program：20 Years Later—Looking Back to the Future[C]//Crossing Boundaries in Park Management：Proceedings of the 11th Conference on Research and Resource Management in Parks and on Public Lands，2001：354-359.

[96] Paassen V，Annemarie，Aarts，et al. Trust and Hidden Conflict in Participatory Natural Resources Management：The Case of the Pendjari National Park（PNP）in Benin[J]. Forest Policy & Economics，2013，27（27）：65-74.

[97] Petersen B，Stuart D. Navigating Critical Thresholds in Natural Resource Management：A Case Study

of Olympic National Park[J]. Navigating Critical Thresholds in Natural Resource Management，2017，4（1）：1-19.

[98]　Stephenson N L. Making the Transition to the Third Era of Natural Resources Management[J]. George Wright Forum，2015.

[99]　Suta N，Hrnjic A，Banda A. Natural Resources Management in Tourism：Dimensions and Impact of Tourist Offer in the Southeastern Europe National Parks[A]// Financial Environment and Business Development[M]. Springer International Publishing，2017.

[100]　Wambede N M，Joyfred A. A Cost-benefit Analysis of Protecting Lake George Wetland Resources in Queen Elizabeth National Park，South Western Uganda[J]. International Journal of Biodiversity and Conservation，2018，10（1）：39-51.

[101]　Wang L，Cui T. Surveying Geographic Information Plays a Supporting Role in Unified Natural Resources Registration[J]. Engineering of Surveying & Mapping，2017.

[102]　Yu L. Research on Land Use Planning Strategy in Basic Ecological Control Line[J]. Shanxi Architecture，2017.

[103]　Zhang H，Zhong L. Institutional Logic and Model Selection in the Construction of National Parks Administration[J]. Resources Science，2017.

[104]　加拿大不列颠哥伦比亚土地与资源综合登记系统网站. https：//www2.gov.bc.ca/gov/content/data/geographic-data-services/land-use/integrated-land-resource-registry/registered-interests[EB/OL].

国家公园自然资源统一确权登记评估办法（建议稿）

第一章 总 则

第一条 为落实中共十八届三中全会通过的《中共中央关于全面深化改革若干重大问题的决定》和《中共中央 国务院关于印发〈生态文明体制改革总体方案〉的通知》（中发〔2015〕25 号），国土资源部、中央编办等七部委联合印发《自然资源统一确权登记办法（试行）》。为了规范国家公园自然资源统一确权登记，建立国家公园统一的确权登记系统，推进国家公园自然资源确权登记法治化，推动建立归属清晰、权责明确、监管有效的自然资源资产产权制度，根据有关法律规定，制定本办法。

第二条 国家公园自然资源统一确权登记是全国自然资源统一确权登记制度的有机组成部分。国家公园自然资源确权登记坚持资源公有、物权法定和统一确权登记的原则。

第三条 对国家公园内的土地资源（包含荒地、滩涂、湿地、沼泽）、矿产资源（探明储量的矿产资源）、水资源（如河流、湖泊等）、森林资源（包含珍稀野生动植物及其栖息地、林木资源）、草原资源、海域海岛资源、地质遗迹资源（山岭、地貌景观、古生物化石产地、洞穴等）、风景名胜资源（自然遗产与文化遗产）等自然资源的所有权统一进行确权登记，界定国家公园各类自然资源资产的所有权主体，划清全民所有和集体所有之间的边界，划清全民所有、不同层级政府行使所有权的边界，划清不同集体所有者的边界，适用本办法。

第四条 国家公园的自然资源确权登记以不动产登记为基础，已经纳入《不动产登记暂行条例》的不动产权利，按照不动产登记的有关规定办理，不再重复登记。

国家公园的自然资源确权登记涉及调整或限制已登记的不动产权利的，应当符合法律法规规定，并依法及时记载于不动产登记簿。

第五条 国务院国土资源主管部门负责指导、监督全国国家公园的自然资源统一确权登记工作。

省级以上人民政府负责国家公园的自然资源统一确权登记工作的组织，各级不动产登记机构（以下简称登记机构）具体负责国家公园的自然资源登记。

第六条 国家公园的自然资源确权登记由自然资源所在地的县级以上人民政府登记机构办理。

跨行政区域的国家公园的自然资源确权登记，由共同的上一级人民政府登记主管部门指定办理。

国务院确定的重点国有林区权属登记按照不动产登记的有关规定办理。

第二章 国家公园自然资源登记簿

第七条 登记机构应当按照国务院国土资源主管部门的规定，设立统一的国家公园自然资源登记簿。

已按照《不动产登记暂行条例》办理登记的不动产权利，要在国家公园自然资源登记簿中记载，并通过不动产单元号、权利主体实现国家公园自然资源登记簿与不动产登记簿和自然资源登记簿的关联。

第八条 国家公园单独作为登记单元。国家公园自然资源登记单元具有唯一编码。

国家公园自然资源登记单元边界应当与不动产登记的物权权属边界和园区外自然资源登记单元做好衔接。

第九条 国家公园自然资源登记簿应当记载以下事项：

（一）园区内各类自然资源的坐落、空间范围、面积、类型以及数量、质量等自然状况；

（二）园区内各类自然资源所有权主体、代表行使主体以及代表行使的权利内容等权属状况；

（三）自然资源用途管制、生态保护红线、公共管制及特殊保护要求等限制情况；

（四）其他相关事项。

第十条 自然资源登记簿附图内容包括自然资源登记范围界线、面积，所有权主体名称，已登记的不动产权利界线，不同类型自然资源的边界、面积等信息。

自然资源登记簿附图以土地利用现状调查（自然资源调查）、不动产权籍调查相关图件为基础，结合各类自然资源普查或调查成果，通过相应的实地调查工作绘制生成。

第十一条 自然资源登记簿由县级以上人民政府登记机构进行管理，永久保存。

登记簿应当采用电子介质，暂不具备条件的，可以采用纸质介质。采用电子介质的，应当定期进行异地备份。

第三章　国家公园自然资源登记程序

第十二条　自然资源登记类型包括自然资源首次登记和变更登记。

首次登记是指在一定时间内对登记单元内全部国家所有的自然资源所有权进行的全面登记。在不动产登记中已经登记的集体土地及自然资源的所有权不再重复登记。

变更登记是指因自然资源的类型、边界等自然资源登记簿内容发生变化而进行的登记。

第十三条　自然资源首次登记程序为通告、调查、审核、公告、登簿。

对依法属于国家所有的自然资源所有权开展确权登记。

第十四条　自然资源首次登记的，县级以上人民政府应当成立自然资源统一确权登记领导小组，组织相关资源管理部门制定登记工作方案并预划登记单元，向社会发布首次登记通告。通告主要内容包括：

（一）自然资源登记单元的预划分；

（二）自然资源登记的期限；

（三）自然资源类型、范围；

（四）需要集体土地所有权人、自然资源所有权代表行使主体等相关主体配合的事项及其他需要通告的内容。

第十五条　自然资源的调查工作由所在地的县级以上人民政府统一组织，国土资源主管部门（不动产登记机构）会同相关资源管理部门，以土地利用现状调查（自然资源调查）成果为底图，结合各类自然资源普查或调查成果，通过实地调查，查清登记单元内各类自然资源的类型、边界、面积、数量和质量等，形成自然资源调查图件和相关调查成果。

第十六条　登记机构依据自然资源调查结果和相关审批文件，结合相关资源管理部门的用途管制、生态保护红线、公共管制及特殊保护规定或政策性文件以及不动产登记结果资料等，对登记的内容进行审核。

第十七条　登记机构应当在登簿前将自然资源登记事项在所在地政府门户网站及指定场所进行公告，涉及国家秘密的除外。公告期不少于 15 个工作日。公告期内，相关权利人对登记事项提出异议的，登记机构应当对提出的异议进行调查核实。

第十八条　公告期满无异议或者异议不成立的，登记机构应当将登记事项记载于自然资源登记簿。

第十九条　自然资源的类型、边界等自然资源登记簿内容发生变化的，自然资源所有权代表行使主体应当持相关资料及嘱托并配合登记机构办理变更登记。

第四章　国家公园自然资源登记操作办法

第二十条　制定确权登记工作方案

国家公园自然资源属于国家级或者世界级的自然保护资源，在国家公园试点和过渡时期由国务院下属的国土资源部、农业部、水利部、住房和城乡建设部、国家林业局、国家海洋局、国家旅游局等相关部门直接进行管理，在制定确权登记工作方案时由相关部委参与。由国家不动产登记局会同以上国务院直属自然资源管理部委制定国家公园统一确权登记方案。国家公园管理局正式运行后，由国家公园管理局负责协助国家不动产登记局制定自然资源统一确权登记方案，各国家公园具体负责协助国家不动产登记局完成公园内自然资源统一确权登记任务。

第二十一条　制作工作底图

以 2016 年年底土地利用现状图为基础，将国家公园审批资料划定的范围内已登记的集体土地所有权、林权、建设用地使用权等登记成果及城镇建成区界线、城镇规划区界线、行政村界线、主体功能区界线等坐标，结合相关资源管理部门的用途管制、生态保护红线、公共管制、特殊保护规定或政策性文件以及已取得的不动产登记结果等资料，绘制到土地利用现状图及正射影像图上，制作调查工作底图。

第二十二条　预划登记子单元

国家公园作为独立自然资源登记单元，在对每个具体国家公园进行确权登记前需要将自然资源登记单元进行细化。根据国家公园区自然资源调查的工作范围，结合已登记的不动产物权权属边界，按照不同自然资源种类和在生态、经济、国防等方面的重要程度以及相对完整的生态功能、集中连片等原则，在工作底图上预划分为严格保护区、保育区、游憩区、传统利用区等预登记子单元等自然资源登记单元。

第二十三条　开展外业调查

外业调查主要内容包括自然资源的权属状况调查、界址调查、绘制单元草图、填写自然资源调查表等。通过外业调查，查清国家公园区内各自然资源的类型、边界、面积、数量、质量等，形成自然资源调查图件和相关调查成果。试点区内已登记的不动产权利，应在权籍调查表中记载。

第二十四条　载入自然资源登记簿

公告期满后，无异议或异议不成立的，将登记事项记载于自然资源登记簿。国家自然资源所有权的权利人登记为"全民"，"所有权代表行使主体"拟登记为"×××国家公园管理局"，"所有权代表行使内容"在后续予以补充记载。

自然资源登记结束后，以自然资源登记单元为单位，按照权利主体、权属来源资料、权籍调查成果的次序，整理纸质成果和电子数据存档。

第二十五条　把公园纳入自然资源登记系统

在不动产登记信息系统基础上，把自然资源确权登记的成果录入登记信息系统，实现自然资源登记数据库与不动产登记数据库有效衔接，并统一纳入属地国土资源一体化应用平台。

第五章　国家公园登记信息管理与应用

第二十六条　国家公园自然资源确权登记信息纳入自然资源信息管理基础平台，并实现国家公园自然资源确权登记信息与不动产登记信息有效衔接。

第二十七条　国家公园自然资源确权登记结果应当向社会公开，但涉及国家秘密以及《不动产登记暂行条例》规定的不动产登记的相关内容除外。

第二十八条　国家公园自然资源确权登记信息与农业、水利、林业、环保、财税等相关部门管理信息应当互通共享，服务自然资源的确权登记和有效监管。

第六章　附　则

第二十九条　本办法先行在国家部署的试点地区实施，省级部署的试点可参照执行。探明储量的矿产资源确权登记制度在试点工作中完善。

军用土地范围内的国家公园自然资源暂不办理权属登记。

第三十条　本办法由国土资源部负责解释，自印发之日起施行。

附件2

国家公园国土空间用途管制办法（建议稿）

第一章 总 则

第一条 为加强国家公园和各类保护地（以下简称国家公园）国土空间保护，推进自然资源与国家公园管制体制改革，促进生态文明建设，根据相关法律，按照《中共中央 国务院关于加快推进生态文明建设的意见》、《生态文明体制改革总体方案》、《关于划定并严守生态保护红线的若干意见》，以及《自然生态空间用途管制办法（试行）》、《关于加强资源环境生态红线管控的指导意见》和《全国国土规划纲要（2016—2030年）》、《全国主体功能区规划》的要求，制定本办法。

第二条 本办法所称的国家公园国土空间，是指依据国家公园设立标准和各类保护地设立标准，划入国家公园和保护地范围的自然生态空间。国家公园自然生态空间属于全国主体功能区规划中的禁止开发区域，纳入全国生态保护红线管控范围。

第三条 凡涉及国家公园国土自然生态空间的科研、教育、游憩等活动和城乡建设、工农业生产、资源开发利用和整治修复活动，都必须遵守本办法。

第四条 国家公园国土空间实行用途管制，坚持生态保护优先、分区分级管控的原则，与自然生态空间用途管制制度、生态保护红线制度和自然资源管理体制改革要求相衔接。

第五条 国家对国家公园国土空间依法实行区域准入和用途转用制度，严格控制各类活动对国家公园国土空间的占用和扰动，确保依法保护的国家公园国土空间生态功能不降低、生态服务保障能力逐渐提高。

第六条 国务院国土资源部门和发展改革部门负责全国的国家公园和各类保护地的国土空间用途管制工作。环境保护、城乡规划、水利、农业、林业、海洋等部门，依据有关法律法规，在各自职责范围内对国家公园国土空间进行管理，落实国土用途管制的要求。

国家公园和各类保护地的管理机构受国务院或省级人民政府委托，统一行使和履行某一具体国家公园或者保护地的国土空间用途管制职责。

第七条　国家公园管理机构在系统开展国家公园自然资源调查评价和国土空间开发适宜性评价基础上，根据生态保护红线划定范围，组织编制国家公园空间规划，报国务院审批通过后作为国家公园空间用途管制的依据。

第二章　功能分区与用途确定

第八条　保护重要自然生态系统的完整性和原真性是国家公园的首要功能，同时国家公园兼具科研、教育、游憩等综合功能。依据保护对象的敏感度、濒危度、分布特征，结合生态保护与开发现状，以及居民生产、生活与社会发展需要，对国家公园实行分区管理，划分为严格保护区、生态保育区、公园游憩区和传统利用区（各区称谓或有不同）。国家公园可根据实际情况，增减功能分区，实行差别化保护和管理。

第九条　严格保护区是自然生态系统保存最完整或者核心资源分布最集中、自然环境最脆弱的区域。严格保护区内的生态系统必须维持自然状态，原则上禁止任何人为活动干扰和破坏。

第十条　生态保育区作为严格保护区的外围缓冲区域，保护级别稍弱于严格保护区，是国家公园范围内维持较大面积的原生生态系统或者已遭到不同程度破坏而需要自然恢复的区域。生态保育区可以进入从事科学研究、实验监测、教学实习以及驯化、繁殖珍稀、濒危野生动植物等活动。禁止开展除保护和科研以外的活动。

第十一条　公园游憩区是展示自然风光和人文景观的区域，是向公众进行自然生态教育和遗产价值展示的区域。公园游憩区作为大众游憩的主要展示区域，在满足最大环境承载力、不破坏自然资源等条件下，允许机动车进入，适度开展观光娱乐、游憩休闲、餐饮住宿等旅游服务。严禁开展与保护区保护方向不一致的参观游览项目。

第十二条　传统利用区是原住居民生产、生活集中的区域，包括各类保护地内基本农田区域、森林、草地、水资源等有限利用区域。传统利用区内允许原住居民开展适当的生产活动，或者建设公路、停车场、环卫设施等必要的生产生活、经营服务和公共基础设施。应控制区内居民建设风貌与周边环境相融合。

第三章　用途管控

第十三条　国家公园按生态保护红线的优先地位进行管理。国家公园相关规划要符合生态保护红线空间管控要求，不符合的要及时进行调整。生态保护红线内的农业用地，建立逐步退出机制，恢复生态用途。

国家公园严禁不符合功能定位的各类开发活动，严禁任意改变用途。国家公园内不得开展任何损害或者破坏自然资源、人文资源和生态环境以及其他与国家公园保护目标不相符的建设活动，有关建设项目应当符合总体规划和专项规划，并依法办理有关审批手续。已建、在建的建设项目不符合总体规划和专项规划要求的，应当依法逐步进行改造、拆除或者迁出，进行生态修复。确保国家公园总体规划与原有土地利用总体规划、城乡建设规划相衔接。

第十四条　禁止在国家公园内从事下列活动：

（一）采石、取土、挖沙、开矿、爆破、毁林开垦以及其他侵占、毁坏自然资源的活动；

（二）改变自然水系状态；

（三）擅自采集国家和省级重点保护野生植物；

（四）猎捕野生动物以及其他伤害野生动物、破坏野生动物栖息地的行为；

（五）排放或者倾倒废水、废气、有毒有害物质、建筑垃圾、弃土以及其他废弃物、污染物；

（六）在文物、树木、岩石上刻画；

（七）移动、毁坏保护管理设施、设备；

（八）其他法律、法规禁止的行为。

第十五条　国家公园根据功能分区和土地用途管制特点，分三级管控。

一级管控对应国家公园严格保护区。在严格保护区内，禁止建设任何建筑物、构筑物、生产经营设施等。严格禁止任何单位和个人擅自占用和改变用地性质，在国家公园法出台前，执行自然保护区核心区和缓冲区、风景名胜区特级保护区等相关保护要求，严格维持自然生态空间的原真性。

二级管控对应国家公园的生态保育区（生态修复区），是限制建设区域，禁止建设除保护、监测设施以外的建筑物、构筑物，现有与保护无关的设施应有计划地迁出。

三级管控对应国家公园的游憩区和居民传统利用区，属于合理建设区域，在符合国家公园规划的前提下，可进行居民生产生活必需的建设，以及满足国家公园游憩功能的建设。在公园游憩区预留必要的国土空间用作生态旅游项目建设用地，严格审批新增旅游项目，控制容积率下限。在传统居民利用区，预留必要国土空间作为居民生产生活建设用地，满足居民生产生活需求。

第十六条　国家公园空间实行用途转用变更许可制度。国家公园最低按生态保护红线要求进行用途变更管理，禁止新增建设占用生态保护红线内的国家公园生态空间。确因国家重大基础设施、重大民生保障项目建设等需要调整的，由省级政府组织论证，提出调整方案，经环境保护部、国家发展和改革委员会、国土资源部同有关部门提出审核意见后，报国务院批准。

第四章　实施保障

第十七条　建立国家公园自然资源统一确权登记制度，推动建立归属清晰、权责明确、监管有效的国家公园自然资源资产产权制度，促进国家公园生态空间有效保护。

第十八条　出台国家公园国土空间管制标准和操作指南，明确国家公园国土空间管制分区划分标准及管理目标。明确未经批准、擅自改变国家公园空间用途，或相关管理部门非法批准改变国家公园空间用途必将受到经济、行政或法律处罚。

第十九条　鼓励地方采取协议管护等方式，对国家公园空间进行管理。在严格保护区和生态保育区内，可以通过征收方式将集体土地转化为国有，逐步实现生态移民搬迁。在公园游憩区和传统利用区内，充分征求所有权人、使用权人同意，采用租赁、置换等方式，吸纳自然资源集体所有者参与国家公园的经营管理，并获得相应的收益。

第二十条　集体土地所有者、土地使用单位和个人应认真履行有关法定义务，及时恢复因建设开发、矿产开采、农业开垦等破坏的国家公园空间。制定激励政策，鼓励集体土地所有者、土地使用单位和个人按照国家公园内土地用途，改造提升国家公园国土空间的生态功能和生态服务价值。

第二十一条　国土资源部、国家发展和改革委员会、环境保护部、住房和城乡建设部会同有关部门，在现有工作基础上，建设和完善生态保护红线综合监测网络体系，在国家公园内布设相对固定的监控点位，及时掌握生态保护红线监测数据和国家公园生态空间变化情况，建立信息共享机制，并定期向社会发布。

第二十二条　建立健全国家公园生态补偿机制，对国家公园内因依法征收或通过租赁、地役权设置等方式进行用途管制而造成权益受损的合法权益人，应当依法给予补偿。对地方政府采取措施有计划迁出的国家公园原住居民，依法给予补偿或者安置。建立多渠道资金筹措方式，鼓励社会力量参与国家公园保护与管理。

第二十三条　国家公园管理机构统一行使行政执法权，发现违法违规行为，应当依法依规予以查处。加大执法力度，对违法占用国家公园生态用地行为严肃查处、限期改正，依法追究相关责任人的法律责任。

第二十四条　国家公园实行领导干部自然资源资产离任审计和生态环境损害责任追究制度。确保严格保护区和生态保育区面积不减少、核心资源数量不减少、质量不降低；公园游憩区和传统利用区内各项建设占用和实施项目符合国家公园总体规划和审批程序要求。

第二十五条　省级人民政府应健全国家公园生态空间保护的公众参与和信息公开机制，充分发挥社会舆论和公众监督作用。加强宣传、教育和科普，加强社区居民参与合作，提高公众生态保护意识。

第五章　附　　则

第二十六条　本办法由国土资源部负责解释。

第二十七条　本办法先行在国家公园体制试点区实施，自印发之日起施行。

附件 3

国家公园自然资源管理条例（建议稿）

第一章 总 则

第一条 为了规范国家公园和保护地自然资源管理，保护和合理利用自然资源，建立统一、规范、高效、科学的国家公园和保护地自然资源管理制度，促进生态文明建设，制定本条例。

第二条 国家公园自然资源的保护、管理、有偿使用、综合治理等活动，适用本条例。

第三条 本条例所称自然资源是指经国家批准设立的国家公园和保护地内的土地资源（包含荒地、滩涂、湿地、沼泽）、矿产资源（探明储量的矿产资源）、水资源（如河流、湖泊等）、森林资源（包含珍稀野生动植物及其栖息地、林木资源）、草原资源、海域海岛资源、地质遗迹资源（山岭、地貌景观、古生物化石产地、洞穴等）、风景名胜资源（自然遗产与文化遗产）等自然资源。

第四条 国家公园和保护地自然资源管理坚持"生态保护第一、国家代表性、全民公益性"三项原则。

第五条 国土资源部会同国家发展和改革委员会负责国家公园自然资源统一管理，环境保护、水利、农业、林业、海洋、住建等部门，依据有关法律法规，在各自职责范围内，落实国家公园和保护地自然资源管理职责的要求。各级人民政府国家公园行政部门负责本省国家公园的管理和监督。

第六条 国家公园所在省（自治区、直辖市）人民政府应当明确国家公园和保护地自然资源管理机构。履行下列职责：

（一）宣传贯彻有关法律、法规和政策；

（二）组织实施国家公园自然资源管理制度；

（三）严格保护国家公园的自然资源，建立与完善保护设施；

（四）开展国家公园的资源调查、巡护监测、科学研究、科普教育、游憩展示等工作，引导社区居民合理利用自然资源；

（五）监督管理国家公园内自然资源管理活动；

（六）本条例赋予的行政处罚权。

第二章　保　护

第七条　实施最严格的保护制度。严格按照国家公园划定保护区范围，严禁一切破坏自然资源的活动。

第八条　在国家公园名称、范围、界线、功能分区发生变更时，涉及原有国家公园园区内自然资源开发利用的，由省级人民政府国家公园部门提出意见，报国家公园主管部门批准。

第三章　规　划

第九条　建立国家公园自然资源管理规划制度。综合考虑园区主体功能定位与资源保护长远需求，明确园区内自然资源保护目标、总体格局和重点区域，以及生态空间用途分区和管制要求。

第十条　国家公园自然资源保护规划由园区所在地的省（市）人民政府发布实施，并按照国家公园总体规划确定的自然资源保护界线设立界标，并予以公告。保护范围不得擅自变更，确需变更的，需由省级人民政府国家公园部门提出意见，报国家公园主管部门批准。

第十一条　国家公园自然资源规划应当与国家公园规划及其他法定规划相衔接。

第四章　确权登记

第十二条　在土地、森林、草原、湿地、水域、海洋和生态环境等调查标准基础上，制定各项资源调查评价标准，以土地调查、森林普查、自然资源专项调查和地理国情普查成果为基础，结合自然资源确权登记成果，按照统一调查时点和标准，确定园区内自然资源的权属和分布。

第十三条　设立国家公园应当以国有自然资源为主。需要将非国有的自然资源、人文资源或者其他财产划入国家公园范围的，县级以上人民政府应当征得所有权人、使用权人同意，并签订协议，明确双方的权利、义务；确需征收的，应当依法办理。

第五章　国土生态空间管制

第十四条　建立国家公园国土生态空间用途管制制度。坚持生态优先、区域统筹、分级分类、协同共治的原则，并与生态保护红线制度和自然资源管理体制改革要求相衔接。

第十五条　国家公园国土生态空间保护原则严格按照禁止开发区域的要求进行管理。严禁不符合国家公园自然资源保护功能定位的各类开发活动，严禁任意改变用途，严格禁止任何单位和个人擅自占用和改变用地性质，鼓励按照规划开展维护、修复和提升生态功能的活动。因国家重大战略资源勘查需要，在不影响国家公园生态原真性的前提下，经依法批准后予以安排。

第十六条　鼓励各国家公园根据生态保护需要和规划，结合土地综合整治、工矿废弃地复垦利用、矿山环境恢复治理等各类工程实施，因地制宜促进自然生态空间内建设用地逐步有序退出。

第十七条　有序引导国土生态空间用途之间的相互转变，鼓励向有利于生态功能提升的方向转变，严格禁止不符合生态保护要求或有损生态功能的相互转换。

第六章　监测与监督管理

第十八条　建立自然资源监测体系，定期对国家公园的自然资源、人文资源进行监测，将资源数量与质量登记造册。

第十九条　建立巡护体系，对资源、环境和干扰活动进行观察、记录，制止破坏资源、环境的行为。

第二十条　建立健全国家公园自然资源数据库和信息管理系统，对国家公园的保护与利用情况进行监测，并定期向社会发布有关信息。

第二十一条　健全生态保护的公众参与和信息公开机制，充分发挥社会舆论和公众的监督作用。

第二十二条　建立自然资源资产负债表编制制度。定期对园区内各类资源资产的存量与流量、实物量与价值量做综合评价，建设自然资源管理的"资源家底账、生态账、管理账"核算制度。

第二十三条　由地方国家公园管理机构委托第三方开展编制自然资源资产负债表工作，编制结果应及时向社会公布，并呈报国家公园主管部门。

第二十四条　由国家审计部门与自然资源主管部门负责,依据国家公园自然资源资产负债表对各个国家公园管理机构实行自然资源资产离任审计,审计结果应及时向社会公布,并呈报国家公园主管部门。

第二十五条　国家公园主管部门应定期开展专项督查和绩效评估,监督园区自然资源保护目标、措施落实和相关法律法规、政策的贯彻执行。

第二十六条　加强宣传、教育和科普,提高公众生态意识,形成崇尚生态文明的社会氛围。

第七章　附　则

第二十七条　本条例由国务院自然资源统一管理部门负责解释。

第二十八条　本条例自印发之日起施行。

声　明

　　本书所有地理疆域的命名及图示，不代表中国国家发展和改革委员会、美国保尔森基金会和中国河仁慈善基金会对任何国家、领土、地区，或其边界，或其主权政府法律地位的立场观点。

　　本书所有内容仅为研究团队专家观点，不代表中国国家发展和改革委员会、美国保尔森基金会、中国河仁慈善基金会的观点。

　　本书的知识产权归中国国家发展和改革委员会、美国保尔森基金会、中国河仁慈善基金会和本书著（编）者共同拥有。未经知识产权所有者书面同意，严禁任何形式的知识产权侵权行为，严禁用于任何商业目的，违者必究。

　　引用本书相关内容请注明来源和出处。